AF549762

Vom Verschwinden der Technik

David Gugerli

Vom Verschwinden der Technik

CHRONOS

Umschlaggestaltung: Thea Sautter, Zürich

ISBN 978-3-0340-1758-9

Inhaltsverzeichnis

Vorverdichtungen

Was Technikgeschichte leistet, hängt von ihren Fragen ab. Wie sind Wunschmaschinen zu verstehen? Was macht Katastrophen aus? Gibt es einen Zusammenhang zwischen technischer Entwicklung und erwartetem Weltuntergang?

Welche Frage gerade die richtige sein könnte, verrät uns weder die Technik noch ihre Geschichte.[1] Dennoch lässt sich mit etwas Erfahrung und einem Quäntchen Glück programmatisch festlegen, worauf eine Technikgeschichte achten sollte, die das Nachdenken über das eigene Vorgehen nicht aus den Augen verlieren möchte.

Im Historischen Lexikon der Schweiz habe ich von der Technikgeschichte gefordert, dass sie Angebote technischer Entwicklungen untersuchen soll, «welche in bestimmten historischen Kontexten entstanden sind und von sozialen Gruppen oder ganzen Gesellschaften als Möglichkeit sozialen Wandels wahrgenommen, ausgehandelt und schliesslich genutzt oder vergessen worden sind.»[2] So liess sich tatsächlich produktiv Technikgeschichte betreiben.[3] Über viele Jahre hinweg. Dabei übersah ich allerdings, dass ich ausgerechnet das Vergessen und mithin auch das Verschwinden schlicht vergessen hatte.

Das ist mehr als ein kleiner Unfall im akademischen Forschungsbetrieb. Bei genauerer Betrachtung erweist es sich sogar als blinder Fleck meines undisziplinierten Faches.[4] Es mag trivial sein, dass Technologien in Vergessenheit geraten und darum auch verschwinden. Und wo sie nicht mehr gebraucht werden, muss man sich ja auch nicht zwingend an sie erinnern. Wollte man das Verschwinden auf diese Weise zu einem ganz banalen Vorgang machen, gäbe es allerdings bei Lichte betrachtet auch keinen Grund, sich um das Auftauchen der Technik zu kümmern, ja überhaupt technikhistorisches Wissen zu erzeugen.[5] Warum sollte die Genese der Technik interessanter sein als ihr Betrieb oder ihr Ende, die Geburt demnach wichtiger als das Leben oder der Tod?

Meine Überraschung war gross, in der technikgeschichtlichen Literatur keine Anleitungen dafür zu finden, wie sich das Verschwinden der Technik untersuchen liesse, welche Regeln eine Studie über das Verschwinden befolgen müsste und wie man es vielleicht sogar erklären könnte. Dabei liegen manche Fragen ja auf der Hand: Ist das Verschwinden so etwas wie die Genese im Rückwärtsgang? Geht es nach «Science in Action» um «Technology in Retirement»? Lässt sich das Problem des Verschwindens als Entnetzung beschreiben? Schlägt das Verschwinden überhaupt als Verlust zu Buche oder ist es nur die Voraussetzung für neue Gewinne?[6]

Sicher ist, dass nicht einmal aufs Verschwinden Verlass ist. Mal erkennt man es an seinen Schlusslichtern, mal rast es aus dem Nichts auf einen zu, um sich dann wieder im Dunkeln zu verlieren. Man tut gut daran, die eigene Aufmerksamkeit zu kontrollieren, erhaltene Spuren sorgfältig zu deuten und immer auch daran zu denken, dass Technologien selber dem Einblenden und dem Ausblenden, der Einschränkung und der Erweiterung von Aufmerksamkeit dienen.

Die nachfolgenden Versuche übers Verschwinden der Technik sind 2022/23 im Merkur erschienen, dort ohne Abbildungen und ohne Anmerkungen, dafür im sicheren Abstand eines ganzen Monats.[7]

Die Zusammenstellung folgte keiner Systematik, keinem Programm, und leider auch keinem speziellen Quellenkorpus. Technik, die am Verschwinden ist, wird ja nicht in einer Zeitschrift behandelt, die man sich als «International Journal on Disappearing Technologies» vorstellen möchte. Verschwindende Technik wandert völlig undokumentiert in die Remise, liegt weit hinten in der Schublade, vielleicht auf dem Estrich (immer in Kisten), im stillgelegten Werk, im Keller eines Museums (auf Regalen) oder bereits auf der Deponie hinter dem Schrottplatz. Fachzeitschriften jeder Couleur werden sich hüten, solche aus dem Weg geräumte Technologien zu behandeln.

Wer trotzdem mehr wissen will, kann zur Not Plattformen von Vintage-Vereinen konsultieren, auf denen sich passionierte Freunde alter Druckverfahren und ausrangierter Dampfmaschinen die Zeit vertreiben. Das Verschwinden der Technik ist ihr Antrieb: Indem sie alte Heuwender, Jukeboxes und Schreibmaschinen dokumentieren oder gar zum Laufen bringen, bremsen sie in ihrer überschaubaren Zone den Lauf der Dinge. Da sammelt sich viel Nostalgisches und Merkwürdiges an; auf stabile Erklärungen für das Verschwinden wird man hier aber nicht stossen.

Bei der Arbeit an den hier versammelten Texten ist mir aufgefallen, dass zwischen Verlust und Verschwinden ein grosser Unterschied besteht. Verluste lassen sich verzeichnen und anzeigen, um sie dann rituell, rhetorisch oder juristisch aufzuarbeiten.[8] Beim Verschwinden ist die Lage anders. Da gibt es weder feste Umgangsformen noch die Gewissheit, dass das Verschwundene jetzt auch wirklich weg ist. Wo aber solche Routinen und Gewissheiten fehlen, wo weder getrauert noch gestritten werden kann, fehlen einschlägige Quellen. Man kann darum oft nur mit archivalischen Spuren arbeiten, die gar nicht das Verschwundene betreffen. Und man muss damit rechnen, dass sich verschwundene Technologien nur dann aufspüren lassen, wenn sie gerade noch sichtbar, also im Grunde gar nicht richtig verschwunden sind.[9]

Das hat Folgen für die Darstellung. Die Marginalie scheint mir für das Thema die geeignete Form, schliesslich geht es um längst marginalisierte Gegenstände, die sich gerade noch mit einigen Randbemerkungen versehen lassen. Weil das Verschwinden der Technik aber an Leerstellen und Lücken abzulesen ist, wird man darüber in einem lakonischen Ton berichten müssen.

Spiegelerlebnis

Walter Cronkite war bei CBS über Jahrzehnte hinweg der Moderator, der aus besonders aufregenden oder heillos verwickelten Lagen eine verständliche Geschichte machen konnte.[10] Virtuos reduzierte er die Komplexität grosser Ereignisse auf ein handliches und allgemein anschlussfähiges Deutungsangebot. Das war auch am 27. Dezember 1968 der Fall.[11] Soeben hatten drei Menschen die Rückseite des Mondes mit eigenen Augen gesehen. Frank Borman, William Anders und James Lovell konnten sogar vom Sonnenaufgang auf dem Mond berichten. Und sie zeigten einem globalen Fernsehpublikum, wie sich die Erde von aussen präsentierte.[12]

Die fernsehtechnischen Verhältnisse für diese Perspektivierung waren prekär. Das ganze Raumschiff musste schräg zur Flugrichtung gestellt werden, damit die Erde in den kleinen Fensterrahmen der Kapsel passte und die Kamera in Position gebracht werden konnte – etwas schief zum Fenster, um die Spiegelung der Scheibe zu reduzieren. Verschiedene optische Filter aus dem Arsenal der Fotoausrüstung wurden mit Klebeband vor der Linse der Fernsehkamera befestigt, um mehr als nur einen weissen Fleck nach Houston übertragen zu können. Da die TV-Kamera über kein Display verfügte, konnten die Anweisungen für ihre Positionierung nur über Sprechfunk, also mit beträchtlicher Verzögerung aus dem Mission Control Center in Houston kommen.

Manchmal sah man dort nur einen Teil der Erde, dann verschwand sie plötzlich wieder ganz aus dem Blickfeld. Was die Kamera einfing und was sie ausblendete, hing von der Geduld der Astronauten in der Raumkapsel und der Instruktoren in Houston ab, wurde von den Filtern, der verwendeten Antenne, der Bildbearbeitung, der Übertragungsfrequenz und in Houston auch noch von dem «Eidophor» genannten Projektionsapparat bestimmt, bevor es als Sendematerial an die angeschlossenen Fernsehstationen weitergeleitet wurde.[13] Deren Redakteure und Kommentatoren, die Sendezeitfenster mit ihren Werbeunterbrechungen sowie die Magnetaufzeichnungsmaschinen selektierten noch einmal, was das Publikum zu sehen bekam, und was nicht – wobei das auch noch von der Qualität der Antennen und TV-Geräte abhing.

Da die Expedition von Apollo 8 zum Mond über Weihnachten stattfand, waren die Astronauten angewiesen worden, an Heiligabend ein paar Worte an das zugeschaltete Publikum zu richten. Vielleicht mochten sie bei der Beschreibung der Erde ein wenig poetisch werden und die Farben schildern, die sie sahen? Eine kleine Weihnachtsbotschaft wäre auch nicht schlecht. Aber für alle, die zuschauen würden, unabhängig von privaten weltanschaulichen oder konfessionellen Entscheidungen.

Also wählte Borman den alttestamentarischen Schöpfungsbericht (Genesis 1, 1–10) und las ihn zusammen mit Lovell und Anderson vor. Jeder Astronaut übernahm einen Tag, bis Himmel und Erde, Licht und Dunkelheit, Land und Wasser getrennt waren – also das, was sich gleichzeitig auch fotografisch festhalten, fernsehtechnisch übertragen und über Sprechfunk kommentieren liess. Dann wünschten sie allen, die auf der guten Erde weilten, neben dem Segen Gottes, «good night», «good luck», und «a Merry Christmas».[14] Der Bericht vom Weltabenteuer der göttlichen Allmacht diente als Begleittext jener durch Zeugen verbürgten Erfahrung, dass sich die Erde raumfahrttechnisch und televisionär sichtbar machen und verfügbar halten lässt.

Cronkite gab drei Tage später auf CBS sein Bestes, um das weitere Arrangement zu klären und bei einer griffigen Botschaft zu bleiben. Er interviewte Experten, spielte Filmaufnahmen und Simulationen ein, erklärte nochmals den Ablauf der Apollo-8-Mission und lud den Dichter Archibald MacLeish ein, bei sich zuhause jenen Kommentar vorzulesen, den er auf der Titelseite der *New York Times* publiziert hatte.[15] Das Bild der Erde, das nun über jene Mattscheiben zitterte, die man damals als Fenster aus dem Wohnzimmer in die Welt verstand, war in höchstem Mass interpretationsbedürftig.

Die perspektivische Schubumkehr, die NASA und CBS inszenierten, war nicht leicht zu verdauen. Sie verunsicherte sogar die direkt Beteiligten. Das zeigt ein Blick in das Protokoll des Funkverkehrs zwischen der Crew und dem Mission Control Center in Houston. Etwa fünfzig Stunden nach Beginn der Mission machten die Astronauten bereits ihren zweiten Versuch mit der Fernsehkamera. Als sie endlich Erfolg damit hatten, bemerkte der Astronaut William Anders, dass hoffentlich alle das Bild geniessen könnten, «das wir von ihnen aufnehmen».

Offenbar konnte er sich da nicht so sicher sein. Weder das verrückte Zusammenfallen von extremen Distanzen und

Zeitskalen noch das kunstvolle Ineinanderfalten von Innen und Aussen waren beim einfachen Blick auf das empfangene Fernsehbild verständlich. Darum erkundigte sich der Astronaut bei der Bodenstation nach der aktuellen Distanz zwischen dem Raumschiff und der Erde und schickte seinen Bildern eine Erklärung hinterher: «Ihr schaut euch gerade aus der Höhe von 180 000 Meilen aus dem Weltraum an.» Doch aus Houston kam immer noch keine Reaktion. Fast könnte man sagen: «Light's are on, but nobody is home.» Darum schaltete sich jetzt Jim Lovell ein, imaginierte einen Reisenden, der von einem anderen Planeten kam und sich (natürlich) fragte, ob die Erde wohl bewohnt sei. Erst jetzt erwachte «Houston»: «Ihr seht niemanden, der winkt. Wollt ihr das sagen?» Damit waren beide Seiten auf Selbstbeobachtung geschaltet. Lovell überlegte, ob er wohl eher auf dem blauen oder auf dem braunen Teil der Erde landen würde. Sein Kollege meinte, er möge doch bitte, bitte auf den blauen Teil setzen. «Houston» stimmte ihm bei, allerdings erst, nachdem das der Flight Director mit einem Zwischenruf verlangt hatte.[16]

Das gegenseitige Triezen ging noch ein wenig weiter, es dauerte also einen Moment, bis man auf der Erde merkte, was die Bilder aus dem All bedeuten konnten. Was «oben» und «unten», «innen» und «aussen» war, was «wir» und was «sie» sein mochten, was Bild und was Gegenstand – all das geriet kurz durcheinander und musste durch Faszination, Vorstellungskraft, Testen und Kommentieren in jene Sicherheitszone gebracht werden, die festen Boden unter den Füssen versprach.

Als Wendepunkt in der kollektiven Wahrnehmung ist dieses Erlebnis im «Spiegelstadium» der globalisierten

Menschheit mit Sicherheit von grosser historischer Bedeutung. Vom Man and the Biosphere-Programm der UNESCO (1971) über den Bericht des Club of Rome (1972), der die grundsätzliche Knappheit von Ressourcen und die berechenbaren Grenzen des Wachstums betonte, bis hin zum Ozonloch und zum Weltklima, die in den 1970er-Jahren in die Aufmerksamkeitszonen supranationaler Organisationen verschoben wurden, spielte die Wahrnehmung der Erde als schützenswerter, einsamer blauer Planet eine bedeutende Rolle.[17] Die wissensgeschichtlichen Implikationen des von Astronauten bezeugten televisionären Blicks auf die Erde sind gewaltig, auch im Schwarzweissmodus mit geringer Auflösung und Bildbewegungen, die sich nur aus dem instabilen Handgelenk eines Astronauten ergaben.

Als an Weihnachten 1968 der Planet Erde auf den Mattscheiben der Welt erschien, wurden zwei prekäre Formen technologischer Präsenz kombiniert: Die Live-Übertragung und das Real-Time Computing. Dass diese Technologien prekär sind, verraten bereits ihre Bezeichnungen. Denn keine Übertragung vermag Präsenz herzustellen, und kein Rechnen geschieht ohne den Verbrauch von Rechenzeit. Damit das übersehen werden kann, muss in beiden Fällen der Aufwand massiv erhöht werden.

Gerne stellt man sich vor, dass die Rechner der NASA in Houston die Flugbahn eines Raumschiffs in Echtzeit steuerten und überwachten. Navigation ist jedoch ein anspruchsvolles Geschäft. Die Crew der Apollo 8 orientierte sich nicht nur mit ihren Gyroskopen, sondern oft auch ganz konventionell mithilfe von Sextanten. Die Zwischenergebnisse ihrer Beobachtungen kritzelten sie mit Bleistift an die Wand des Raumschiffs und meldeten die fertigen Resultate ihrer Beobachtungen dann ins Raumfahrtzentrum nach Houston. Dort wurden die Daten zur Korrektur jener Berechnungen verwendet, die von einem halben Dutzend Rechnern der obersten Leistungsklasse geliefert wurden. Damit diese Form der «Echtzeit» funktionierte, mussten die Computer in Houston von rund 2000 Technikern, Ingenieuren und Flightcontrollern mit ihren Rechenschiebern und Tabellen entlastet werden. Nur so konnte man innert nützlicher Frist dem kleinen Bordcomputer in der Raumkapsel die Eckdaten für den «aktuellen» Flugplan liefern, damit dieser auch wieder etwas zum Rechnen und zum Steuern bekam.[18]

Nicht viel anders verhält es sich mit dem Fernsehen. Programmatisch möchte es zwar gerne lebendig daherkommen. Dennoch ist es nur als sorgfältig kontrollierte Fabrik von leicht übertragbaren, gut portionierten Konserven denkbar, die möglichst nahtlos aneinandergereiht werden. Da besteht tatsächlich die Gefahr, dass sich das Publikum vor den Bildschirmen entweder zu Tode langweilte oder dass es die Dauerschlaufen der Werbespots nicht mehr als Beleg für die ganz normale und tatsächliche Langeweile ihres Lebens in Middletown würde deuten wollen. Nur Live-TV erzeugt ein Programm, das unter Umständen sogar mit Real-Life verwechselt werden könnte. Walter Cronkite behandelte dieses Elend virtuos, indem er die konservierten Nachrichten der Astronauten erdete, sie mit Experteninterviews kombinierte, mit lebhafter, ja lebendiger Stimme erklärte, was die vielen Bilder zeigten.

So entstand aus vor- und nachberechneten Echtzeitdaten einerseits und aus eloquent kommentierten medialen

Konserven andererseits nicht nur ein neues Weltbild, sondern auch eine neue, televisionär verbreitete Nachricht, die einen guten Kontrast zur Weihnachtsgeschichte ergab. Der sichtbar gewordene Planet Erde stand nicht für einen neuen Herrscher, sondern für den astronautischen Erfolg einer wohl etablierten Hegemonialmacht. Weil «wir» es können, so hatte es Kennedy 1961 vor dem Kongress begründet.[19] Weil das Entscheidende das Gelingen der Rückkehr war, und wohl auch, weil Herrscher nur bleiben konnte, wer durch die Medien- und Raketentechnik *Sidereus nuncius* wurde und das globale Blickregime bestimmte.

Darum kombinierte Apollo 8 die Wissensfelder Raketentechnik und Television mit so grossem Aufwand und auf so raffinierte Weise, darum produzierten NASA und CBS beinahe live und beinahe in Echtzeit ein Spiegelerlebnis der globalisierten Menschheit, die zum ersten Mal ein Bild ihrer selbst vor Augen geführt bekam. Es sollte unmissverständlich auf den Fernsehgeräten dieser Welt angekommen sein, bevor die Raumfahrer im Pazifik gelandet waren und – wie ihr Raumschiff – fast gänzlich von der Bildfläche verschwanden.

Abb. 1: Lohnt sich der Aufwand? Arbeit am Animationsfilm für The Flight of Apollo 8, 1968.[20]

Abfall

Eine Saturn-V-Rakete, mit der amerikanische Astronauten Ende der 1960er-Jahre zum Mond fliegen konnten, wog beim Start 2900 Tonnen. Was die Hubschrauber und Rettungstaucher der Navy wenige Tage danach aus dem Meer fischten, brachte keine zwei Promille davon auf die Waage. Einzig das malträtierte Command Module kehrte zur Erde zurück, mit drei übermüdeten Astronauten, ein paar Kisten Mondgestein und einem grossen Haufen belichteter Filme. Alles andere war verbrannt, im Meer versunken, in der Atmosphäre verglüht, auf dem Mond zurückgelassen oder mit unbekanntem Ziel im All unterwegs.

Die Rakete war zum Verschwinden bestimmt. Ihre kurze Lebensdauer bei maximalem Materialverbrauch kümmerte niemanden. Schmerzhaft für die NASA war hingegen ein viel gründlicheres Verschwinden der Saturn V, nämlich die Entscheidung der Regierung Nixon von 1970, den Bau dieses Raketentyps einzustellen. Das Apollo-Programm wurde vorzeitig beendet. Die Argumente der Regierung lagen auf der Hand. Das Risiko war enorm, der Grenznutzen weiterer Mondflüge stark gesunken. Denn die Erde hatten nun alle gesehen, Armstrongs kleiner Schritt für einen Mann liess sich nicht wiederholen, der Präsident hatte mit den Vertretern der Menschheit auf dem Mond telefoniert. Zudem waren die Bildarchive der NASA gut gefüllt, die physikalisch-chemischen Laboratorien der Welt mit lunaren Gesteinsproben versorgt.

Die berühmteste Trägerrakete aller Zeiten war schon 1970 angezählt und verschwand 1973 auch aus allen Missionen und Programmen. Das Leben der Saturn V liest sich wie die Chronik ihrer angekündigten Nutzlosigkeit. Die bereits fabrizierten Teile wurden pietätlos in andere Raketen verbaut, also schon in den Fabriken rezykliert. Was dann noch übrigblieb, fügte man so zusammen, dass es im Space Center in Houston und anderswo auch als Museumsstück die Besucher anlockte. Wie ein erlegtes Monster, der Länge nach ausgestreckt – absolut beschleunigungsfrei und ohne jede Thermodynamik.[21]

Interessant am Verschwinden der Saturn V war nicht das ungünstige Verhältnis zwischen langer Entwicklungszeit und kurzer Einsatzphase. Nicht einmal die kulturelle Umdeutung von der absoluten Spitzentechnik zum musealen Dinosaurier. Denn das war nur mehr ein kollektiver Reflex und Trauerarbeit am einstigen Objekt der Bewunderung. Wichtiger war, dass sich von da an die gesamte National Aeronautics and Space Administration in Richtung Erde bewegte.

Das bekamen zum Beispiel die vielen Naturwissenschaftler zu spüren, die im Dienst der NASA gearbeitet hatten. Donald J. Kessler war einer von ihnen. Er hatte sich, weit weg von den Budgetkämpfen in Washington, mit der nahen Zukunft interplanetarischer Missionen beschäftigt. Sie waren zum Greifen nah gewesen und sogar astronomisch interessant. Kessler versuchte zu modellieren, was wohl geschehen würde, wenn ein Raumschiff auf einer wirklich grossen Reise durch den Asteroidengürtel flöge. Welcher Kollisionsgefahr wäre es dabei ausgesetzt? Darüber veröffentlichte er 1971 eine Schätzung der Teilchendichte und eine vorläufige Berechnung der Kollisionswahrscheinlichkeit.[22]

Asteroiden sind etwas ganz Besonderes, verhalten sich eigentlich wie veritable Planeten und zirkulieren doch in grosser Zahl und in Form eines Gürtels zwischen der Mars- und der Jupiterumlaufbahn. Diese Region hat es auch astronomiegeschichtlich in sich. Seit dem 18. Jahrhundert wurde darüber spekuliert, dass dort noch einiges an quasiplanetarischem Material um die Sonne zirkulieren müsste. Kleine Planeten vielleicht, die man Planetoiden hätte nennen können?

Astronomen hoffen immer, auch im ganz leeren Raum auf etwas zu stossen, was ihre Erwartungen entweder bestätigen oder auf interessante Weise verschieben könnte. Dafür sind sie sogar bereit, nochmals sehr genau zu beobachten und notfalls auch organisatorische Massnahmen zu treffen. Baron Franz Xaver von Zach hatte genau dafür 1800 eine veritable «Himmelspolizey» gegründet, die den skandalös materialfreien Raum zwischen Mars und Jupiter endlich auch empirisch verlässlich «durchmustern» sollte.[23]

Den Ausdruck «Polizey» verstand man damals noch im Sinn des Ancien Régime als Verbindung von Regierungsprogramm, Statistik und ökonomisch-patriotischer Politikberatung. Zuständig waren die Staats- und Polizeywissenschaften – bei der «Himmelspolizey» des Barons waren es die international organisierten Astronomen und Sternwarten, deren systematisch instruierte Agenten ein wachsames Auge auf verdächtige Bewegungen warfen und sie in Rapporten oder tabellarischen Zellen festhielten.

Ceres, Pallas, Juno und Vesta wurden die ersten vier Verdächtigen genannt, die in der unheimlich leeren Zone zwischen zwei echten Planetenbahnen ihre Runden drehten. Dingfest gemacht wurden sie durch bürokratische Katalogisierung, adäquate Bahnberechnung und wiederholte Durchmusterung der Beobachtungssektoren. Seither brachte die Asteroidenforschung mehr Material in die Verzeichnisse der Astronomen, als man es für möglich gehalten hätte; so viele, dass Donald Kessler ihr Bewegungsverhalten mithilfe der kinetischen Gastheorie beschreiben musste.

Das von der Administration Nixon vorgezogene Ende des Apollo-Programms bedeutete, dass sich die NASA in den 1970er-Jahren auf das sehr erdnahe Weltall konzentrieren musste, also auf den LEO genannten Low Earth Orbit, wo Satelliten aus Hard- und Software um den Globus kreisten, in enger Tuchfühlung natürlich mit dem, was gerade im globalen Kommunikationsgeschäft passierte. Aus der organisatorisch-administrativen Bewältigung des Verkehrs mit dem erdnahen Weltraum liesse sich, so die Hoffnung, vielleicht sogar ein Geschäftsmodell zimmern. Das Space Shuttle, das als wiederverwendbares Vehikel für kostbare Fracht in Planung war, würde dabei sicher eine grosse Rolle spielen.

Weil die Probleme der NASA jetzt mehr *down to earth* lagen, musste sich Donald Kessler mit dem Einfluss des neuen Shuttle-Programms auf die Tropo- und Stratosphäre beschäftigen. Geholfen hat ihm dabei sein früherer Chef, Burton Cour-Palais. Die beiden übertrugen ihre Einsichten und Modelle aus der gemeinsamen Meteoritenforschung und aus den jüngeren Studien Kesslers über den Asteroidengürtel auf jene Wesen, die sie gnädigerweise und völlig neutral «artificial satellites» nannten.[24]

Das Ergebnis ihrer Berechnungen war sehr unerfreulich: Die Raumfahrt hatte im Low Earth Orbit seit den späten 1950er-Jahren einen *debris belt* produziert, einen Abfallgürtel, und verdichtete diesen munter weiter. Der Satellitenbericht der NASA von 1976, von dem man wusste, dass er eigentlich vieles geflissentlich übersehen hatte, zählte bereits 3866 zirkulierende Objekte im LEO. Die Eintretenswahrscheinlichkeit für eine Kollision zwischen diesen Objekten war erstaunlich gross. Und je mehr Schrott sich im *debris belt* ansammelte, desto schneller stieg das Kollisionsrisiko. Es musste, dem konnte fast nicht widersprochen werden, innerhalb eines Jahrzehnts zu einer ernsthaften Kollision zwischen irgendwelchen Abfallteilen und einem vielleicht noch funktionierenden Satelliten kommen. Und diese Kollision würde dann sehr viele kleine Fragmente und damit neue Gefahrenquellen produzieren.[25]

Das nennt man das Kessler-Syndrom. Es wird – inzwischen seit über vier Jahrzehnten – durch systematische Beobachtung der grossen Teile und Ausblenden des kleinen Abfalls behandelt. Aus der Space Administration wurde im Verbund mit den globalen Radarstationen und hochauflösenden Teleskopen der Militärs eine organisatorisch hochkomplexe Abfallpolizei, die sich um die sehr dynamische (Un)Ordnung im erdnahen Weltraum kümmert.[26]

Die Komplexität der Weltraumüberwachung lässt sich nicht erzählen, nur erahnen. Natürlich sind die Sensoren aller Waffengattungen mit von der Partie, verbündete Streitkräfte ebenfalls, sämtliche Formen der Luftraumüberwachung in wechselnden Konfigurationen werden notdürftig zusammengehalten vom Katalog des Nordamerikanischen Luftverteidigungskommandos NORAD.[27]

Der Satellitenkatalog musste von Anfang an mehr enthalten, als es sein knappes Speicherformat mit bloss 80 Zeichen pro Zeile erlaubte. Jedes verzeichnete Objekt wurde deshalb auf zwei Zeilen verteilt registriert. Auf der ersten Zeile befinden sich die Laufnummer des Objekts, der Satellitenname, die internationale Bezeichnung, der Eigentümer, das Startdatum, der Startort und, falls zutreffend, das Datum des Zerfalls. Auf einer zweiten Zeile wird es fast schon astronomisch. Hier findet man eine Zusammenfassung der wichtigsten Parameter der Umlaufbahn in modifizierten Kepler'schen Elementen. Allerdings nur die Durchschnittswerte, weil die «von natürlichen Kräften» erzeugten Abweichungen vom geometrisch sauberen Pfad zusätzlich mit dem *ephemeris prediction package* näher bestimmt werden müssen, damit man einigermassen genau weiss, wo ein Satellitenfragment gerade seine Runden dreht.[28]

Die Datenbank zur «beobachtenden Fahndung» nach jenen Satelliten im erdnahen Weltraum, die das zukünftige NASA-Geschäft mit der Spionage, der Telekommunikation, dem Fernsehen und den Wetterprognosen gefährdeten, ist der Trost, den die Weltallverwaltung für aeronautische Pläne bereithält. Aber Verwaltung ist nicht nur ein *lender of last resort*, sondern oft ganz pragmatisch die letzte Option überhaupt. Die Verdichtung des Verkehrs macht eine permanente Aktualisierung der Beobachtungen in der Registratur erforderlich, obwohl damit keine Kollisionen verhindert und die weitere Verdichtung des Abfallgürtels nicht gebremst werden kann.[29]

Da hatten es die Physiker der Strategic Defense Initiative (SDI) um die Mitte der 1980er-Jahre leichter. Sie imaginierten einfach, ohne Rücksicht auf die Grössenordnungen, Plattformen mit schnell einsatzfähigen Laserkanonen, mit denen man im LEO für Ordnung sorgen konnte. Eine Art Sondereinsatzkommando über den Wolken oder der Wilde Westen am Himmel.[30] Sogar für das Problem der Abfallbeseitigung gab es bei den SDI-Leuten einen rudimentären Vorschlag, hätte man nicht auch ihnen irgendwann den Geldhahn zugedreht. Für die informationellen Abfälle im knappen Speicher kleiner Simulationsrechner hatten sie eine betriebssystemnahe Routine entwickelt, die «garbage collection» genannt wurde. Damit liessen sich Überreste von Programmläufen erkennen und rechtzeitig löschen.[31]

Die Überreste von Satelliten- und Trägerraketenprogrammen, die man im All einfach hatte verschwinden lassen wollen, können jedoch nicht kurzerhand «gelöscht» werden; behandeln lassen sie sich nur durch eine Vervollständigung ihres Eintrags in der Registratur der NASA. So steht am Ende des Datenbankeintrags der im All zurückgelassenen Teile jener Saturn V, die Apollo 8 zum Mond gebracht hatte, ein vielsagendes «dec».

Noch hat die Rakete einen Datenbankeintrag und ist damit administrativ nicht ganz verschwunden. Sie gilt jedoch als zerfallen, aufgelöst und verwest. Aus dem protokollierten «decayed» ist ein faktisches «disappeared» geworden. Man muss schon, wie Jeff Bezos, sehr tief tauchen lassen und grosse Maschinen mieten können, um einer Saturn V ausserhalb der Datenbanken auf die Spur zu kommen.[32] Oder man muss den himmelspolizeilich frisch entdeckten Asteroiden J002E3, der gemäss einer genauen erkennungsdienstlichen Überprüfung «weiss gestrichen» ist, als Rest der Trägerrakete von Apollo 12 umdeuten.[33]

Abb. 2: Spurensuche am Weltraumschrott: Zusammengetragene Bestandteile der abgestürzten Raumfähre Columbia in einem Hangar, 2003.[34]

Zirkulation

Verschwundene Dinge hinterlassen Spuren ihrer vergangenen Präsenz. Dafür braucht es nicht viel. Ein heller Fleck an der Wand, ein Kaufbeleg in einer leeren Plastiktüte, Schwermetalle im Schrebergarten, vielleicht ein flüchtiger Geruch oder eine merkwürdige Redewendung zeigen bereits an, dass da etwas gewesen sein muss. Es gehört zu den Schlitzohrigkeiten der Zeichen gegenwärtiger Absenz, dass nicht nur die verschwundenen Dinge selber, sondern auch die Spuren ihres Verschwindens sehr unterschiedliche Halbwertszeiten haben.

Manchmal tauchen sogar Spuren von Dingen auf, von denen gar niemand gewusst haben konnte, dass sie einmal existiert hatten. So kamen im Winter 1853/54 in der Uferzone des Zürichsees bei Meilen Holzpfähle zum Vorschein. Erwartet hatte sie niemand, vermisst schon gar nicht. Aber jetzt waren sie da, ragten völlig unmotiviert aus dem Boden, nur weil der See einen bemerkenswert tiefen Wasserstand hatte und man gerade damit beschäftigt war, ihm mit baulichen Massnahmen etwas Land abzutrotzen.[35]

Wahrscheinlich handelte es sich bei den Pfählen und dem, was in ihrer Nähe gefunden wurde, um Überreste einer prähistorischen, vielleicht keltischen Siedlung. Das war jedenfalls die Ansicht historisch geschulter Fachleute. Ferdinand Keller, der Präsident der Antiquarischen Gesellschaft in Zürich, zögerte nicht, sein Wissen in den Dienst der Deutungsarbeit zu stellen. Weitere Funde gaben ihm laufend

Recht. Bald fanden sich andernorts ähnliche Spuren von dem, was Keller «Pfahlbausiedlungen» nannte. Am Neuenburgersee zum Beispiel oder in den Sümpfen bei Robenhausen am Pfäffikersee. Die bis vor kurzem gänzlich verschwundene Technik der Pfahlbauer, von der Keller mit einiger Anstrengung bei Herodot und in englischen Reiseberichten der 1830er-Jahre über die Philippinen gelesen hatte, wurde zum Tagesgespräch.[36]

Wenige Jahre nach der Gründung des Bundesstaats gab es gute Gründe dafür. Ausser der Verfassung, einer funktionierenden Zollverwaltung und dem soeben gegründeten Polytechnikum hatte dieser Staat ja wirklich noch nicht viel zu bieten.[37] Es fehlte ihm an fast allem, was eine richtige Nation des 19. Jahrhunderts brauchte. Ohne nationale Sprache, mit einem ziemlich unübersichtlichen Territorium (man denke nur ans Wallis, das Tessin und den Kanton Graubünden) und Einwohnern, die noch wenige Jahre zuvor mit Kanonen aufeinander losgegangen waren, liess sich mit der Schweiz nur wenig Staat machen. Nicht einmal ihre Neutralität interessierte.[38]

Die morschen Hinterlassenschaften der «keltischen» Pfahlbauer an den Ufern der Mittellandseen kamen also wie gerufen. Endlich erhielt die Schweiz doch noch ein brauchbares (prä)historisches Substrat, jenseits gegenwärtiger Differenzen.[39] Pfahlbauer bauten Plattformen auf Pfählen, sagte Ferdinand Keller, im ganzen Land. Das war einfach und einheitlich. Zudem waren Pfahlbauer weder katholisch noch protestantisch, sprachen weder Alemannisch noch Französisch und hätten vermutlich auch nichts gegen Eisenbahnen, Fabriken und metrische Masse einzuwenden gehabt.

In Traktaten, Schulwandbildern und Ölgemälden entstand ein pfahlbauromantischer, spannungsfreier Gegenentwurf zur industriellen Gesellschaft während der Hochblüte des Kapitals.

Sanft kontrolliert wurde das alles durch Grabungsberichte von Ferdinand Keller, Frédéric Troyon, Edouard Desor oder Paul Vouga, während an den Fundstellen selber Goldgräberstimmung herrschte. Was immer hier – ausser Pfählen – hinterlassen worden war, wurde in schweren Körben an Land geschleppt. Dort mussten die Pfeilspitzen, Schmuckstücke, Tonscherben, Kleidernadeln, Messer und Äxte geputzt und provisorisch sortiert werden.

Weder die Archäologen noch die Antiquitätenhändler waren schnell genug, alles in Listen aufzuführen und in weitere Sortierlogiken zu übersetzen. Aber sie gaben sich Mühe. Rudimentär beschriebene Auswahlsendungen wurden per Post verschickt, kamen, en détail kommentiert, wieder zurück oder wurden gleich weiterverkauft, vielleicht in neuen Zusammenstellungen und zu einem besseren Preis. Auf den Zwischenstationen, *poste restante*, ergaben sich mit der Zeit veritable Sammlungen, die zu komplettieren waren, was immer gerade als Kriterium ihrer Vollständigkeit gelten mochte.[40]

Quantitativ hing die «Grabungsernte» einer Saison natürlich von der Niederschlagsmenge, also vom Wasserstand der Seen ab, steigende Preise auf dem Antiquitätenmarkt glichen diesen Effekt ein wenig aus. Dann kam die Juragewässerkorrektion, sie senkte den Spiegel des Neuenburgersees dauerhaft und schwemmte dem Markt «neue» Fundstücke in Hülle und Fülle zu. Sie alle wurden sofort in Zirkulation gebracht und den Preisbildungsmechanismen des europäischen Antiquitätenmarkts ausgesetzt. Wer gerade in einem irischen Moor nach prähistorischem Material suchte, wird das schmerzlich zu spüren bekommen haben.

Es galt darum, die Ware noch stärker zu differenzieren und zu klassifizieren. In Briefen, die den Fundstücken postalisch vorausgingen, fanden sich beachtliche Minikataloge für das aktuelle Angebot. Aber auch die wachsenden Bestände von Zwischenlagern wurden inventarisiert und alles, was die Kapazität überquellender Privatsammlungen sprengte, dokumentarisch bearbeitet und weitergeschickt – oder fortgeworfen. In die kritische Begutachtung der laufend ergänzten archäologischen Spezialliteratur hätten es gewiss nicht alle Tonscherben geschafft. Ausgegrabene Teile von Textilien vielleicht schon, aber sie liessen sich nur schlecht verkaufen. Halbzerfallene Zeugen prähistorischer Webkunst sahen vor allem halbzerfallen aus. Bronzestücke waren da einfach nicht zu übertreffen.

Die bis 1854 total verschwundenen Artefakte des Neolithikums und der Bronzezeit zirkulierten also in der zweiten Hälfte des 19. Jahrhunderts munter durch neuentstandene Märkte. Ohne Datierung der Herstellung, aber mit Herkunftsangaben, Preisen und laufend wechselnder Eigentümerschaft. Ihre Zirkulationsgeschwindigkeit wurde nur in Sammlungen und Depots gebremst, dafür an diesen Stellen mit Expertenwissen aufgeladen und im direkten Vergleich mit anderen Fundstücken bewertet. Führend in diesem Evaluationsprozess war die Antiquarische Gesellschaft in Zürich, die als aktive Käuferin, Sammlerin und Bewerterin agierte.[41]

Dass diese bürgerliche gelehrte Gesellschaft ihre Sammlung und damit alles, was sie durch Marktteilnahme dem Handel mit Pfahlbauartefakten entzogen hatte, ins 1898 eröffnete Landesmuseum überführte, erhöhte die nationalstaatliche Bedeutung der Pfahlbauerkultur nochmals gewaltig.[42]

Fortan bewegten sich die Artefakte nur noch zwischen dem Depot des Museums und den Ausstellungsräumen mit ihren Vitrinen und Schaukästen. Das erhöhte, ganz selektiv und nach Massgabe der Präferenzen von Kuratoren und den hier zirkulierenden Museumsbesucherinnen, ihre Sichtbarkeit. Mit Wegweisern, Richtungspfeilen, Hinweisschildern und Raumnummern wurden sie durch das neogotische Gebäude geleitet, das am Ort der ersten Landesausstellung der Schweiz errichtet worden war.

Einige der Vitrinen mögen mit der Zeit überfüllt worden sein, das Ausstellungsgut wurde vielleicht zu monoton zusammengestellt und die Differenz zwischen Depot und Ausstellung drohte immer wieder zu kollabieren. Bei der hundertsten Pfeilspitze vom Murtensee wird das Interesse des Publikums jedenfalls erlahmt sein.

Darum musste der drohenden Zirkulationsmüdigkeit des Publikums durch geeignetes Kuratieren abgeholfen werden, mit Legenden, Begleittexten, Führungen, Schaubildern, kontrastreichen Anordnungen und riskanten Rekonstruktionen. Das zeigt das Beispiel des sogenannten Türflügels von Robenhausen. Das über füntausend Jahre alte, unförmige und auf der Längsseite auffällig durchlöcherte Brett, das Jakob Messikommers Arbeiter 1868 aus dem Sumpf am Pfäffikersee gezogen haben, wurde von Ferdinand Keller noch etwas vage als «ein Tisch mit Bank, eine Thür oder ein Kistendeckel oder irgendetwas anderes» gedeutet. Es gilt heute, um es genau zu sagen, als untypischer jungneolithischer Türflügel aus dem 37. oder 38. Jahrhundert vor Christus. Das ergab eine sorgfältige Begutachtung inklusive Radiokarbondatierung von 1998, die mit einem genauen Vergleich mit weiteren Fundstücken aus der Pfyn- und der Cortaillod-Kultur überprüft wurde.[43]

Kuratorisch behandelt wurde das Brett aus dem Splintholz einer Weisstanne zuletzt in den 1950er-Jahren. Das Landesmuseum befestigte es mit Schlaufen an einem rekonstruierten Türrahmen aus Rundholz und zeigte es als Schmuckstück seiner revidierten Pfahlbauausstellung. Berühren oder gar öffnen und schliessen durfte man die Türe nicht. Aber das Publikum wird mit Wohlwollen und Bewunderung zur Kenntnis genommen haben, dass offenbar bereits seine prähistorischen Vorfahren für Privatheit zu sorgen gewusst hatten.[44]

Die Pfahlbauer, die keine Sägewerke kannten und weder von Verbundholz noch von Stahltüren für Tresore etwas wussten, verfügten über Techniken der Inklusion und Exklusion, die einen Hauch des repräsentativen Verbergens, den diskreten Charme sicher gewahrter Geheimnisse hatten, wie er in der Limmatstadt der Gegenwart gern gepflegt wird.[45] Und das entsprach offenbar, so werden es sich die Museumsbesucher und -besucherinnen auf dem Nachhauseweg zur eigenen Beruhigung zusammengereimt haben, einem menschlichen Grundbedürfnis. Historische Museen tragen zur Enthistorisierung ihrer Ausstellungsstücke bei.

Abb. 3: Freilegen und ausstellen: Der Archäologe Messikommer bei seinen Pfählen in Robenhausen, 1860er-Jahre.[46]

Eisen zu Eisen

In Deutschland werden jährlich über drei Millionen Personenwagen abgemeldet, die wenigstens fünfzehn Dienstjahre hinter sich haben.[47] Die bundesamtliche Statistik verdeutlicht den tristen Erwartungshorizont von Kraftfahrzeugen: Irgendwann landen alle auf einem Schrottplatz. Dort werden sie rücksichtslos ausgeweidet, von Reifen, Schmieröl, Batterien und Kunststoffen befreit. Schliesslich werden sie in handliche Pakete gepresst, auf grosse Lastwagen gehievt und zum Schmelzofen gefahren. Die letzte Fahrt braucht starke Motoren.

Der Schrottplatz markiert das Karriereende der meisten industriellen Produkte, die Metall enthalten. Aber nichts verschwindet einfach so, nur weil es abgemeldet wurde. Das Lebensende von Waschmaschinen, Betonmischern oder Mähdreschern ist mit viel Arbeit verbunden und ruft nach ganz grossem Gerät: Schrottkräne, Gabelstapler, Förderbänder, Schredder, Schneidbrenner, Pressen, Container. Gutgeschulte Fachkräfte bedienen sie so lange, bis alles möglichst sortenrein gelagert und transportiert werden kann. Auf dem Schrottplatz entstehen neue Rohstoffe, mächtige Ströme von Kupferflocken und Eisenpulver zum Beispiel.

Das Verschwinden der Technik ist kein Thema, das die Technikgeschichte mag. Sie behandelt lieber Erfindungen, Entwürfe und Entwicklungen, die Zukunft haben. Müll und Abfall gehören nicht dazu – allenfalls werden Technologien behandelt, mit denen in der Vergangenheit Unbrauchbares besonders elegant entsorgt wurde. Im Notfall und zur Vervollständigung des Bilds kann man sich auch um die politische Rekonfiguration des Abfallwesens kümmern. Themen wie Kläranlagen sind denkbar, Krematorien, Kontrollsysteme im Knast oder nachhaltige Kreisläufe von Kunstoffen in der Konsumwelt. Eine Technikgeschichte über das hoffähige Recycling von PET-Flaschen wird nicht mehr lange auf sich warten lassen. Immerhin ist inzwischen auch in der Technikgeschichte klar, dass Entsorgung mit viel Arbeit und viel Technik verbunden ist.[48]

Freilich verkennt das Fach bei seiner Präferenz für das Neue, das Elegante und Leistungsfähige, dass ein genauer Blick auf die Techniken der Entsorgung besonders dort interessant wäre, wo sie versagen.[49] Nicht die historische Untersuchung wohlimaginierter Kreisläufe, sondern mögliche Aneurysmen und Infarkte machen die Rede von der wundersamen Zirkulation kurios und spannend. Man könnte auch sagen, dass Engpässe und Lecks mehr erklären als die begeisterte Nacherzählung von farbigen Diagrammen, deren Pfeile immer den Ausgangspunkt finden. Zwei brutale Hinweise müssen genügen.

Der erste betrifft das Gleichgewicht des Schreckens. In den späten 1960er-Jahren entwickelten die beiden grossen Nuklearmächte ein Interesse daran, einen Teil ihrer Atombomben gar nicht mehr bauen zu müssen. Es kam sogar der Gedanke auf, den längst veralteten Teil dieser Waffensysteme komplett zu entsorgen. Die politische Motivation dafür waren nicht die Schreckensszenarien eines nuklearen Kriegs. Diese waren längst bis zum Überdruss in allen spieltheoretischen Varianten geprüft worden. Niemandem war entgangen, dass der Politologe Herman Kahn mehr thermonukleare Kriege gewonnen und verloren hatte als die hochrangigen Militärs, mit denen er sich auf Empfängen in Washington unterhielt.[50] Nicht mehr die (un)denkbaren Folgen solcher Kriege, sondern die explodierenden Kosten ihrer Vorbereitung waren das Problem für die Regierungen und den militärisch-industriellen Komplex.[51] Besonders brisant blieb die Frage nach dem *hinreichenden* Zerstörungspotential des Atomwaffenarsenals. Wie klein durfte es sein, um bei allen Szenarien mithalten zu können?[52]

Die seit 1969 in immer neuen Auflagen vorsichtig geführten Strategic Arms Limitation Talks und die anfangs der 1980er-Jahre begonnenen, radikaleren Strategic Arms Reduction Talks sind ein guter Beleg für dieses Interesse. Der sinkende Grenznutzen zusätzlicher Sprengköpfe ging einher mit steigenden Grenzkosten für Unterhaltsarbeiten an verfügbaren Bomben. Wenn aber das Arsenal selbst für den ganz verrückten, ultimativen Einsatzplan schon lange zu gross war, dann liess sich schwer begründen, warum gleichzeitig für neue und alte Bomben Geld ausgegeben werden sollte.

Der «Gegner» sah das ein und zog mit, beispielsweise in den detailreichen Verhandlungen über gegenseitige Inspektion von Abbauprogrammen und die Verwahrung schier unvorstellbarer Mengen an Plutonium, die nach der Verschrottung der Bomben nicht mehr «sicher» in Sprengköpfen verbaut waren. Die Atombombe, das tödlichste Vitalitätszeichen militärisch-industrieller Leistungsfähigkeit, behält auch dann ihre abschreckende Wirkung, wenn man partiell auf sie verzichten kann.

In der Praxis lässt man Bomben verschwinden, indem man sie zündet. Theoretisch ist es nicht anders. Für das «managed retirement» von nuklearen Sprengköpfen kam diese radikale Lösung verständlicherweise nicht in Frage. Die Bomben mussten einzeln zurückgebaut werden, Schritt für Schritt. Dabei sah man schnell, dass Abrüstung nicht Aufrüstung mit Schubumkehr bedeutete. Die Bombe war zu komplex, um sie mit dem Schneidbrenner in handliche Stücke zu teilen und diese dann im Schredder und Mahlwerk zu Atombombenpulver zu verarbeiten. Für den überraschungsfreien Rückbau musste man sehr spezielle Details einer möglicherweise sehr speziellen Bombenkonfiguration kennen.[53]

Eigentlich hätte man sauber archivierte Konstruktionspläne konsultieren müssen. Und die waren, wenigstens in den USA, bei sechzig Prozent der nuklearen Sprengköpfe gar nicht mehr vorhanden.[54] Offenbar waren die Baupläne für so geheim gehalten worden, dass sich ihre Aufbewahrung von selbst verbot. Die industriellen Vertragspartner des Pentagon dürften sie deshalb, nach der Auslieferung einer Bombe an die Streitkräfte, möglichst bald vernichtet haben. Dem Bau der Bombe folgte zum Glück nicht ihr Einsatz, sondern die Vernichtung ihrer Akten. Beim geordneten Abbau, also beim Verschwinden der Bombe, bildeten sich jedoch unangenehme Staulagen auf einem halben Dutzend Verschrottungsplätzen für Abschreckungswaffen.[55]

Der zweite Hinweis auf die Leistungsgrenzen hübscher Kreislaufmodelle betrifft das Ungleichgewicht staatlicher Repression. Es lässt sich nur dann nachhaltig sichern, wenn die zuständigen Behörden über eine brauchbare Dokumentation ihrer Arbeit verfügen, also ein Archiv betreiben. Verständlich, dass in Zeiten des drohenden Zusammenbruchs eines Regimes genau dieses Archiv zum Problem wird. Denn was einst als regelkonformes Repressionshandeln dokumentiert worden war, könnte unter den drohenden neuen Bedingungen leicht als justiziabler Beleg für die Verbrechen des alten Regimes dienen.[56]

Genau das bewegte das Personal im Ministerium für Staatssicherheit der DDR, als es im Herbst 1989 in eine unbekannte Zukunft für den Arbeiter- und Bauernstaat blickte und sich darum mit besonderer Dringlichkeit ans grosse Aufräumen machte. Das Vorgehen selber war nicht unbekannt. Ausufernde Selbstdokumentation hatte der Apparat schon immer betrieben und deshalb auch sorgfältig ausgearbeitete Aktenvernichtungspläne entwickeln müssen. Periodisch wurde damit überprüft, dass nur Akten, die in der Gegenwart noch eine Differenz erzeugen konnten, im Archiv lagen. Die Papiere über erfolglose Operationen, das hatte man schon in den 1970er-Jahren gemerkt, versperrten nur den Raum für die Dokumentation neuer Repressionsvorgänge. Die Prozeduren der Aktenvernichtungsvorschriften mussten im Herbst 1989 allerdings dramatisch beschleunigt werden. Und das wollte trotz Überstunden und Nachtschichten nicht gelingen – die dokumentarische Sorgfalt und die schiere Aktenfülle der Staatssicherheit waren überwältigend. Schon die «Vorverdichtung», bei der Akten (nicht nur alte), Formulare (auch leere), Berichte (auch unzutreffende) von Hand zerrissen, gewässert und für den Transport in Papiermühlen vorbereitet wurden, scheiterte an verfügbaren Arbeitskräften, an der Gründlichkeit der Aktenvernichtungspläne und der geltenden Archivierungsvorschriften.[57]

Die Aktenvernichtung war ein logistisches Unterfangen, das nicht nur durch Befehle und Gegenbefehle, sondern auch durch exzessive Regelkonformität der Beamten und ihrer dokumentarischen Techniken unterminiert wurde. Viele Vorgänge waren in den Ablagen verschiedener Abteilungen abgelegt worden, während die Zentrale den Aktenbestand durch Personen und Sachkataloge zugänglich gemacht hatte und ihn durch separat gelagerte Mikrofilmkopien absicherte.

Man wurde mit den Akten schlicht nicht fertig. Einige mutige Demonstranten und Demonstrantinnen, die sich im November 1989 in den Räumen der Staatssicherheit umschauten und dort ausser dem völlig verunsicherten Personal unüberschaubare Mengen an Akten vorfanden, hätten es gern gesehen, wenn der Stasibürokratie endlich und endgültig alles Papier weggenommen worden wäre. Damit hätte man wenigstens das administrative Dispositiv der Untaten zum Verschwinden gebracht, dem Stasipersonal die operativen Grundlagen entzogen. Im Übrigen war auch klar, dass der Slogan «Wir sind das Volk!» weit besser funktionierte, wenn der Unterschied zwischen Überwachern und Überwachten theoretisch bestehen blieb und nicht etwa durch eine mögliche Lektüre archivierter Protokolle und Berichte in Frage gestellt wurde.[58]

So landete ein Teil der Stasiakten, die einst nach strengen Regeln zwischen Amtsstellen, Abteilungen, Ablagen und Archiven zirkulierten, in jenen 16 000 Müllsäcken mit vorverdichtetem Material, die den Weg zur Papiermühle schliesslich doch nicht mehr schafften. Die unüberschaubare Masse an Papierfetzen werden wohl auch die Digitalisierungsanstrengungen der letzten Jahre überstehen.[59] Technologien, die aus Eisen gemacht sind, und Dinge, die man aus PET geformt hat, lassen sich vielleicht dadurch zum Verschwinden bringen, dass sie als Rohstoff in die Welt zurückbefördert werden. Bei Technologien des Schreckens und Apparaturen der Verwaltung kollabiert dieses Kreislaufmodell.

Abb. 4: Zukünftige Akten der BRD: Vorvernichtete, stark zerrissene Reiseberichte des Ministeriums *für* Staatssicherheit der DDR, 1995.[60]

Flache Berge

Den einen sind sie eine Herausforderung, den andern eine Bedrohung. Manche finden sie sogar schön. Nur die ewige Jugend träumt von einer besseren Aussicht auf das Meer und wird dabei ganz radikal: Rasez les Alpes![61]

Allerlei Klettergerät, Skilifte, Seilbahnen und Helikopter, mutige Passstrassen oder waghalsige Eisenbahnlinien bezwingen diese erdgeschichtlich kuriose Problemzone. Mit Serpentinen, Kehrtunnels, Viadukten und Galerien wird der Verkehr zwischen jenen flacheren und zivilisierteren Gebieten Mitteleuropas ermöglicht, die wirklich etwas hergeben. Die Alpen bilden im Vergleich dazu nur den hochsubventionierten Kontrast, sind eine optimal zerklüftete Randzone für den Ausnahmezustand «Ferien», mit riskantem Verhalten abseits der Piste und der Geduldprobe im Stau vor dem Gotthardtunnel.

Seit dem späten 18. Jahrhundert gaben sie die Kulisse ab für die ästhetisierten Naturbilder des empfindsameren Bildungsbürgertums, seit dem 19. Jahrhundert wurden sie mit Hirten, Käse und Kühen folkloristisch überhöht und mutierten im 20. Jahrhundert entweder zum Reservoir für die weisse Kohle oder zum «Réduit» genannten Rückzugsgebiet für eine total überforderte Armee.[62]

Hier kann man eindeutig kein urbanes Leben führen, keine Fabriken bauen oder Finanzplätze betreiben. Eleganz wurde zunächst nur saisonal und für sehr ausgewählte Gäste des Nobeltourismus inszeniert, exklusiv importiert für jene europäische Hautevolee, die nach wenigen Ballnächten und Spazierfahrten im Schnee das Weite suchte und es auch fand. Die Langsameren, die Jahrzehnte später vollautomotorisiert anreisten, schwer bepackt mit Kindern, Skiern und Schlitten, wussten schon immer, dass sie nicht zum Vergnügen in diese zerklüftete Welt gefahren waren.

Einebnen liessen sich die Alpen nur im Medium der Kartographie. Guillaume-Henri Dufour widmete sich gleich nach der Wahl zum Generalquartiermeister der Eidgenössischen Truppen dieser medialen Produktion von Übersichtlichkeit.[63] Ob er 1832 schon geahnt hat, welche Abgründe sich bei der Herstellung einer Karte auftaten, welche Berge an Protokollen, Briefen und Berichten er in diesem Projekt überwinden musste? Wo er von seinem Schreibtisch in Genf auch hinblickte – überall gab es organisatorische Engpässe, finanzielle Steilhänge und kommunikative Talsperren zu überwinden, wenn seine vermessungstechnische Attacke irgendwann zu einer brauchbaren Landkarte führen sollte. Klar war nur die Devise: Die Alpen mussten flachgedrückt werden, damit ein politisch-militärischer Überblick über den Raum der Nation gewonnen werden konnte.

Dufour liess sich zuerst alle Vorarbeiten zeigen, um bald festzustellen, dass er gleich von vorne beginnen musste. Tabula rasa, schon bei den Papieren. Ältere Vermessungen taugten nichts oder waren unvollständig geblieben, manches zur Freizeitbeschäftigung von Kartografen verkommen, die seit Jahren beispielsweise an einer Appenzeller Karte arbeiteten, ohne auf einen grünen Zweig zu kommen. Aber gerade darum freute sich Dufour über den Auftrag. Das war seine wissenschaftliche und eine organisatorische Herausforderung, mit vielen interessanten strategischen Entscheidungen beim Angriff der Alpen.

Die Behörden hatten seit Jahren versucht, das Kartenprojekt in Fahrt zu bringen. Ihre schlechten Erfahrungen mit Dufours Vorgängern schienen für eine genaue Aufsicht zu sprechen. Darum musste der neue Directeur de la carte, wie er sich manchmal nannte, regelmässig über seine Tätigkeit berichten. Aber was, ausser einem langweiligen Messprotokoll für die Bestimmung der Länge einer Basisstrecke, liess sich vor der Militärkommission oder den Gesandten der Kantone präsentieren? Die Zahl der notierten Winkelmessungen etwa? Die Kosten für Übernachtungen in lausigen Herbergen im Hinterrheintal oder im Oberwallis?

Nach geschlagenen vier Jahren brauchte der General einen kommunikativen Befreiungsschlag. Er gelang, technisch gesprochen, mit der triangulatorischen Überquerung der Alpen. Ein lückenloses Netz von grossen, mit Theodoliten bestimmten Dreiecken verband nun die zuverlässigen Vermessungsnetze im Elsass mit jenen in der Lombardei. Jetzt war man bei den Leuten, und das hiess für Dufour, der an der Ecole du génie in Metz studiert hatte, bei den französischen Ingenieurkartografen. Endlich habe man die Sache im Griff, schrieb er in einem Dankesschreiben an Johannes Eschmann, seinen unermüdlichen Mitarbeiter, der ihm die frohe, wenn auch ziemlich abstrakte Nachricht brieflich mitgeteilt hatte.[64]

Sehen konnte man damit immer noch nichts, zeigen schon gar nicht. Aber man war endlich in der Lage, ein sichtbares Resultat herzustellen: Dufour liess die eben geschlossene *Triangulation primordiale* lithografieren und an die Kantonsvertreter in der Tagsatzung verteilen. Die Lithografie enthielt nichts ausser dem Netz, mit Angabe der Namen der Knoten, der Distanzen der einzelnen Dreiecksseiten «exprimés en mètres et réduits au niveau de la mer».[65] Das war reine Abstraktion in trigonometrischem Bezug. Aber grafisch evident gemacht. Jeder Tagsatzungsabgeordnete verstand, dass da noch viele Dreiecke, Kirchen und Flüsse eingetragen werden mussten, bis das Skelett mit einem lesbaren kartografischen Fell überzogen werden konnte. Aber es war vorstellbar geworden.

Die Nacktheit des Gerüsts war mehr als nur ein berichtstechnischer Coup. Sie machte einerseits deutlich, dass man hier vom Grossen ausging und sich Schritt für Schritt dem Kleinen, den Details näherte. Nicht umgekehrt wie früher. Andererseits konnte man sich nun gar nicht mehr richtig darüber wundern, dass die Karte dereinst möglichst viel zum Verschwinden gebracht haben würde. Nicht nur die Drachen, Kugelblitze und landschaftlichen Kuriositäten, denen alte Kartografen noch eine marginale Aufmerksamkeit geschenkt hatten. Dufour ging beim Ausblenden viel weiter, verzichtete auf Kantonsgrenzen, auf die Markierung konfessioneller Differenzen der Dörfer, Talschaften und Städte. Vor allem aber liess er jeden Hinweis auf das komplexe, mehrstufige Aufschreibesystem verschwinden, aus dem die Karte hervorgegangen war.[66]

Keine Spuren früher Reiseberichte auf Aussichtspunkte mittlerer Höhe, keine Hinweise auf die kostspielige Vermessung der Basis und der daran angeschlossenen Triangulationen erster, zweiter und dritter Ordnung. Die endlosen Protokolle für Winkelmessungen oder jene des Nivellements, die Aufnahmeblätter mit ihren strikten Regeln, die unendliche Rechnerei wegen der konsequenten orthogonalen Projektion der Karte – all das wurde auf der Karte unsichtbar gehalten oder komplett eingearbeitet. Wie Butter in ein französisches Gericht.

Sichtbar und damit der Kritik direkt zugänglich blieb eigentlich nur die Darstellungstechnik und die Frage, wie man die neuentstandene Papierlandschaft mit einer kartografischen Ersatzsinnlichkeit versehen konnte. Dufour hatte lange überlegt, was zu tun sei, um «unsere Berge» wieder aus dem Papier herauszubringen. Das Problem des «bien rendre nos montagnes et les faire sortir du papier» war nicht leicht zu entscheiden.[67] Denn davon hing dann doch sehr vieles ab. Kartografen wissen, dass eine Karte nur dann das Land schafft, also herstellt und überwindet, wenn sie in der geometrischen Ordnung auch Landschaft hervorbringt und sichtbar macht.

Immerhin attestierte die Fachwelt Dufour im Nachhinein, mit Schraffen und schiefer Beleuchtung «unter Bewahrung der mathematischen Exaktheit» aus einer Karte ein Kunstwerk gemacht zu haben. Der Karte sei der «Anschein eines Gemäldes» verliehen worden, «welches das Relief des Geländes wirklich wiedergibt und so die Karte für ein breites Publikum lesbar macht», berichtete der Genfer Entomologe 1875 Henri de Saussure aus Paris. Auch flache Berge können eine plastische Wirkung entfalten.[68]

Abb. 5: Am Fundament der Nation: Überprüfung der Basisvermessung im Mittelland, 1880.[69]

Geheime Spuren

Dass sich Technikgeschichte vor allem für das Entstehen neuer Technologien interessiert, muss man ihr nicht zum Vorwurf machen – schliesslich führt die Frage nach der Technikgenese fast zwangsläufig auch zur viel unbequemeren Frage, was denn vom Neuen verdrängt worden sei.[70] Die Produktion von technischen Einrichtungen ist auf fatale Weise an das mehr oder weniger sanfte Verschwinden von Geräten und vertrauten Verfahren gekoppelt. Ob das auch für Apparaturen des Geheimen gilt?

Auskunft über geheime Maschinen zu erhalten, ist eigentlich ein Ding der Unmöglichkeit. Wer mit ihnen arbeitet und sie versteht, wird sich hüten, darüber zu berichten. Das trifft auch zu für die 10 000 britischen Geheimdienstmitarbeiterinnen, die im Zweiten Weltkrieg in Bletchley Park unter höchster Konzentration an der Entschlüsselung deutscher Geheimnachrichten arbeiteten.[71] Sie hatten weder die Erlaubnis noch die Zeit, darüber nachzudenken, woher ihre Maschinen kamen, wie sie funktionierten und wohin sie nach dem Krieg verschwunden sind. Mit grosser kollektiver Anstrengung und äusserst disziplinierten Verfahren hatten sie gelernt, britische Nachrichten zu verschlüsseln und aus den Funksprüchen, die von deutschen Enigma-Maschinen verhackstückt worden waren, fristgerecht englischen Klartext zu machen. Damit kamen sie gut voran, ohne dass man es bei der Wehrmacht gemerkt hätte.[72]

Manchmal blieben in den Netzen der Abhördienste auch Funksprüche hängen, mit denen «Bletchley Park» gar nichts anzufangen wusste. Da war offensichtlich eine andere Maschine am Werk. Dem britischen Geheimdienst blieb nichts anderes übrig, als eine unbekannte Maschine aufgrund ihres komplett unverständlichen Outputs zu rekonstruieren. Man begann, knappes, aus Patentschriften abgeleitetes kryptologisches Wissen mit neuen mathematischen Überlegungen zu verknüpfen und zog mutige Schlüsse aus linguistischen Regeln und auffälligen Häufungen einzelner Buchstaben in den abgefangenen Nachrichten.

Einige dieser Schlüsse erwiesen sich nach wochenlangem Testen als falsch, andere bestätigten die Vermutung, dass die unbekannte Maschine mit zwölf Schlüsselrädern eine Periode von mehr als 10^{19} Ziffern organisierte. Vieles deutete darauf hin, dass die Räder in drei Gruppen hintereinandergeschaltet waren. Die mittlere Gruppe wurde nach einem nicht wirklich zufälligen Zufallsprinzip entweder verwendet oder weggelassen. Das war ein Konstruktionsfehler, mit dem «Bletchley Park» arbeiten konnte.[73]

Die aufwändige Rekonstruktion der unbekannten Maschine half beim Dekodieren der Nachrichten wenig. Erst eine misslungene Übertragung zwischen Wien und Athen im Sommer 1941, die bei identischer Einstellung von Sender- und Empfängerstation mit kleinen Abweichungen im Text wiederholt wurde, beschleunigte die britische Hypothesenbildung. Seit Januar 1942 liess sich eine einzelne Nachricht von «Tunny», wie die Maschine genannt wurde, im Prinzip entschlüsseln. Man brauchte dafür aber vier Tage harter Arbeit. Die Nachrichten waren dann so alt, dass man sie gleich archivieren oder vernichten konnte. Die Entdeckung der Funktionsweise war brillant, aber von beschränktem Nutzen.[74]

Um der theoretisch rekonstruierten Maschine beizukommen, musste der Entschlüsselungsprozess um nicht weniger als zwei Grössenordnungen beschleunigt werden, und das liess sich bestimmt nicht durch einen hundertmal höheren Personaleinsatz bewerkstelligen. Das neue Problem wurde darum an eine noch zu bauende Maschine delegiert und deren Konstruktion von zwei Seiten angegangen.

Zwar liessen sich, das war kein Geheimnis, logische Strukturen mit elektrischen Schaltern oder, etwas schneller, mit elektromechanischen Relais bauen. Diese arbeiteten zuverlässig, aber für Entschlüsselungsaufgaben mit ihrer grossen Zahl an Iterationen immer noch viel zu langsam. Richtig schnell, jedoch notorisch unzuverlässig, waren Röhren. Tommy Flowers wusste aus seiner Arbeit an Vermittlungsanlagen in der Entwicklungsabteilung des Post Office, dass diese Unzuverlässigkeit auf die schlechten Kontakte im Röhrensockel und auf die thermische Belastung der Röhren beim Ein- und Ausschalten zurückzuführen war. Die 2500 Röhren, die man für eine gute Dekodiermaschine brauchte, mussten also von Hand eingelötet, langsam erwärmt und dann immer in Betrieb gehalten werden.

In die geplante elektronische Grossanlage musste verschlüsselter Text zuverlässig und schnell eingelesen werden. Einige Tausend Zeichen pro Sekunde. Das war schon schwierig genug. Gleichzeitig brauchte sie jedoch für jedes dieser Zeichen die jeweils richtigen Instruktionen für die anstehenden Entschlüsselungsprozeduren. Versuche, beides mit zwei parallellaufenden Lochstreifenbändern zu erreichen, scheiterten sowohl an der Reissfestigkeit der Bänder als auch an der Synchronisierung zwischen Dateneingabe und Verarbeitungsinstruktionen. «Bletchley Park» kam auf die Idee, die Instruktionen statt auf einem Instruktionsband in der Verdrahtung der Maschine bereitzuhalten und die logischen Arbeitsschritte mit der jeweils erreichten Inputgeschwindigkeit der verschlüsselten Zeichen zu verknüpfen.

Die Konstruktion dieser wirkmächtigen Entschlüsselungsmaschine wurde im Post Office unter strengster Geheimhaltung realisiert. Die erste Anlage wurde im Juni 1944 in Bletchley Park in Betrieb genommen, kurz vor der Invasion der Alliierten in der Normandie. Von der aus guten Gründen «Colossus» genannten Maschine wurden insgesamt zehn Exemplare gebaut und nach dem Krieg zerstört. Nur eine von ihnen «lebte» ihr geheimes Maschinenleben bis 1960 weiter, zusammen mit einer von vier deutschen Lorenz-Schlüsselmaschinen (wie man sie jetzt nennen konnte), die den Krieg überlebt hatten. Danach wurde auch der letzte Colossus ganz zum Verschwinden gebracht: Man kappte alle Leitungen, vernichtete die Schaltpläne und sorgte dafür, dass es keine Hinweise auf die Funktionslogik mehr gab.

Eigentlich blieb von den Colossi nichts anderes übrig als etwas Elektronikschrott. Nicht die geringste Anschlussfähigkeit, keine Assoziation, kaum eine Erinnerung. Denn den beteiligten Entwicklern und Anwendern war strengstens verboten worden, an so etwas wie «Colossus» auch nur zu denken.

Das Allergeheimste unter den verbotenen Gedanken an die Geheimmaschine war jedoch nicht ihr Aufbau, nicht ihre Arbeitsweise und schon gar nicht ihre Hardware. Top secret blieb ihr Verwendungszweck.

Als Brian Randell 1969 nach vielen Jahren die (amerikanische) Computerindustrie verliess, um in Newcastle Professor für ein Fach zu werden, das sich gerade erst Informatik zu nennen begann, musste er eine Antrittsvorlesung schreiben. Sie sollte einigermassen grundsätzlich, aber doch nützlich werden. Randell suchte nach Vorarbeiten zu dem, was er für den ersten wirklichen Computer der Welt hielt, den EDSAC (Electronic Delay Storage Automatic Calculator) von 1949. Schnell wurde ihm klar, dass seit den Arbeiten von Charles Babbage und Ada Lovelace an mechanischen, programmierbaren Rechnern um die Mitte des 19. Jahrhunderts einiges geleistet worden war. Randell plante deshalb eine Anthologie, mit der sich die Herkunft des digitalen Computers erklären liess. Möglicherweise tauchten dabei ja auch unbekannte Figuren auf, nicht nur der irische Buchhalter und Rechenmaschinenkonstrukteur Percy Ludgate.[75] Diese Anthologie würde dann für eine zukünftige Wissenschaftsgeschichte eine klare, verlässliche Materialsammlung hergeben.[76]

Als sich seine Fachkollegen daran störten, dass Alan Turing in der Anthologie nicht vorkommen sollte, blieb Randell stur, obwohl Turings Aufsatz *On Computable Numbers* von 1936 auch für ihn ein theoretischer Meilenstein war.[77] Aber mit Maschinen, die bloss auf Papier existierten, liess sich nach Ansicht Randells – der selber am Übergang in die papiernen Theoriefelder der Hochschule stand – kein Platz in der Computergeschichte erobern.

Die 1973 erschienene Anthologie enthielt (als Kompromiss) einen kurzen Beitrag über die Maschinen in Bletchley Park.[78] Turing kam dabei am Rande vor. Er habe einer Entwicklergruppe in der Forschungseinrichtung für Telekommunikationstechnik in Malvern geholfen, eine elektromechanische Maschine zu bauen. Sie habe «Heath Robinson» geheissen und 2000 Buchstaben pro Sekunde lesen können. Auch die Colossi wurden erwähnt. Turing habe damit nichts zu tun gehabt, schrieb der Kryptologe Donald Michie in seinem sehr verhaltenen, wenn nicht verschlüsselten Beitrag in Randells Sammelband. Die Colossi seien in Manchester nach dem Krieg gebaut worden. «Nach dem Krieg», «Telekommunikation», «Malvern», «Manchester», «Zeichen lesen». Das waren die Schutzschilder vor dem Colossus und vor dem, was in Bletchley Park in Sachen Computerentwicklung und Dechiffrierung gelaufen war.[79]

Alan Turing wurde in den 1970er- und 1980er-Jahren immer berühmter und mutierte mit der Zeit zu einer wissenschaftshistorischen Pop-Ikone.[80] Randell verstand nicht, warum dieser enigmatische Computertheoretiker nie einen brauchbaren Rechner gebaut haben sollte.[81] Als Randells Anthologie 1973 erschien, war Turing schon seit fast zwanzig Jahren tot. Man musste also andere Zeitzeugen ausfindig machen. Zum Beispiel Ethel Sara Turing, die in den 1950er-Jahren eine Biografie über ihren Sohn geschrieben hatte und vielleicht wusste, was ihr Alan im Krieg so gemacht hatte.[82] Irgendetwas mit Kommunikation wohl, meinte sie. Randell schrieb in seiner Ratlosigkeit an die Regierung Heath und ersuchte um Akteneinsicht für «Bletchley Park». Er erhielt die Antwort, dass alles, was mit der Entwicklung eines digitalen Computers während des Krieges in Grossbritannien zusammenhänge, noch immer geheim sei.

Sie hatten also tatsächlich bereits im Krieg einen Computer gebaut. In England. Diese Auskunft war bei der Suche nach der computerhistorischen Rolle von Alan Turing das, was für die Rekonstruktion der Lorenz-Maschine das zweimal übertragene Fernschreiben der Wehrmacht vom August 1941 war. Der Ministerpräsident lieferte einen konkreten Hinweis auf eine im Geheimen gebaute und eingesetzte Maschine. Randell arbeitete mit dieser Differenz zum bisherigen Wissensstand und begann bisherige Angaben neu zu lesen, sie anders zu kombinieren, einiges mit schlauen Fragen in Erfahrung zu bringen und danach alles zu systematisieren. Ungestanzte IBM-Lochkarten hatte er noch zuhauf, um seine Notizen in Ordnung zu halten.

Das Ergebnis seiner jahrelangen Recherche stellte Randell 1976 in Los Alamos auf einer der ersten Tagungen zur Computergeschichte vor und liess die anwesenden Pioniere John Mauchly und Konrad Zuse erbleichen. Alan Turing soll tatsächlich in Bletchley Park mit Tommy Flowers zusammengearbeitet haben. Wahrscheinlich hatte er sogar John von Neumann bei dessen Besuch in England einiges über diese Zusammenarbeit berichtet. Am Ende des Vortrags war allen klar, dass Turing einen wesentlichen Beitrag zum Bau des ersten programmierbaren elektronischen Computers geleistet hatte. Die Colossi waren zwar nicht universell einsetzbar, aber sie liefen bereits zwei Jahre vor Mauchlys Electronic Numerical Integrator and Computer (ENIAC) von 1946 mit elektronischen Bausteinen und liessen sich, zum

Ärger Konrad Zuses, mit einem intern gespeicherten Programm betreiben.[83]

Das änderte rein gar nichts an der damaligen US-amerikanischen Dominanz auf den weltweiten Computermärkten. Aber es tat der Turing-Fangemeinde und den britischen Informatikern gut, aus geheimen Spuren einer längst verschwundenen Maschine eine Geschichte rekonstruiert zu haben, die bislang von niemandem so geschrieben und gelesen worden war. Kein Wunder, dass der verschwundene Colossus schliesslich auch noch materiell rekonstruiert werden musste. 1996 konnte ihn der Colossus-Veteran Tony Sale in der H-Baracke von Bletchley Park, in der ein National Computing Museum eingerichtet worden war, zum ersten Mal laufen lassen[84].

Sale erlebte das Ende der Rekonstruktionsarbeiten nicht mehr. Der fertige Colossus-Nachbau wurde 2013 von Brian Randell der Öffentlichkeit vorgeführt.[85] Die Videodokumentation zeigt einen von Rückenschmerzen geplagten alten Professor, der mit viel Schalk und präzisem Erinnerungsvermögen seine Powerpoint-Präsentation vom Laptop abliest. Hinter ihm steht der rekonstruierte Colossus, betriebsbereit, vielleicht zur Entschlüsselung einer «Tunny»-Nachricht aus dem Nixdorf-Computermuseum in Deutschland. In der perspektivischen Verkürzung hat man den Eindruck, dass Randell einen gigantischen Koloss auf seinen schwachen Schultern tragen muss.

Abb. 6: *Was bleibt vom Geheimnis? Dechiffrieren unter Zeitdruck in Bletchley Park, 1943.*[86]

Beherbergen

In Technikmuseen werden kuriose Geräte und Apparaturen aufbewahrt, die kurz vor ihrem endgültigen Verschwinden gerade noch dingfest gemacht werden konnten. Hier eine nie gebrauchte Kastanienschälmaschine, dort die gut sedierte Spinning Jenny im wohlverdienten Ruhestand.[87] Als tapfere Vertreter aller obsolet gewordenen, realweltlichen Exemplare hinterlassen die Exponate starke Bilder beim Publikum, verfestigen sich in den Erinnerungen und liefern hübsche Sujets auf Kaffeetassen und Schlüsselanhängern. Nichts fliegt so leicht über den Tresen wie Leonardos Helikopter auf Papierservietten.

Die grossen Museen der Technik gehören zu den kulturellen Spätfolgen der Industrialisierung. Als imperiale Tempel der Moderne haben sie die Industrie-, Gewerbe- und Weltausstellungen des späten 19. Jahrhunderts auf Dauer gestellt.[88] Mit sorgfältig ausgewählten Exponaten machen sie seither die Grundsätze des technischen Wandels einem breiten Publikum verständlich. Auch für Oscar von Miller, Spiritus Rector des seit 1903 aufgebauten Deutschen Museums in München, musste das technische Museum der «Volksbelehrung» dienen und darum «von Anfang an in all seinen Teilen planmässig entworfen und ausgeführt» werden. Die Themenlandschaft seines Museums orientierte sich deshalb an bekannten Gebieten technischer Praxis. Im Verkehrswesen waren Strassen, Bahnen, Kanäle, Schiffe und Flugzeuge die Favoriten. Bei den Industrien entschied er sich für den Bergbau, das Hüttenwesen, die Kraftmaschinen, das Textilgewerbe und die Landwirtschaft. Nicht weniger als vierzig Themen aus der Wissenschaft und Technik landeten im grossen Plan. Um sie angemessen ausstellen zu können, mussten nun didaktisch günstige Objekte gesucht werden.[89]

Das Deutsche Museum wollte weder besonders berühmte noch besonders seltene Maschinen ausstellen. Man kümmerte sich auch nicht darum, ob diese von einer grossen oder einer kleinen Firma gestiftet wurden. Sie mochten aus einer Stadt im sandigen Osten oder einem Dorf im geizigen Süden des Kaiserreichs stammen – einzig ihr didaktisches Potenzial für die Erklärung der technischen Entwicklung war entscheidend.[90]

Dass dieses rigorose Konzept immer befolgt wurde, darf füglich bezweifelt werden. Auch Oscar von Miller musste eingestehen, dass die Sammlungstätigkeit oft ausserhalb der strengen Konzeptgrenzen erfolgte. Es bleibe wohl nichts anderes übrig, «als den jetzigen Bestand der Sammlungen im Laufe der Zeit in dem Masse zu verringern, als neue Gegenstände hinzukommen», meinte er 1929 in seinem Rückblick. Alles, was in München doch nicht gebraucht werde, könne man ja an spezialisierte Museen weitergeben, die es jetzt zu gründen gelte.[91]

Museen sind hoch selektive Einrichtungen. Ausgestellt wird nur die Spitze des Eisbergs. Alles andere liegt im Keller auf Regalen und wartet auf den unwahrscheinlichen Einsatz in den lichtdurchfluteten Ausstellungsräumen.[92] Die Statistik ist brutal. Das schottische Nationalmuseum hat von all seinen technik- und wissenschaftshistorischen Objekten nie mehr als einen Zehntel ausgestellt.[93] Kein Wunder, dass die Keller schon lange voll sind. Raumsparende Verdichtungsaktionen helfen wenig, elaborierte Datenbanken, die riesige Karteien ablösen und doch immer nur einen Teil der tatsächlichen Bestände verzeichnen, steigern die Niedergeschlagenheit der Kuratorinnen.

Nicht einmal konzertierte Entrümpelungsaktionen, schon gar nicht die politisch korrekten Deakzessionierungsprogramme wollen greifen.[94] Irgendein Verwendungszweck lässt sich immer ausdenken. Die Lage am konkreten Objekt ist meistens wirklich komplex. Was müsste man mit dem radioaktiv verseuchten Schmelztiegel von Marie Curie unter Berücksichtigung aller ethischen, rechtlichen, ökologischen und gendersensiblen Überlegungen anstellen? Man kann nur dankbar sein, dass man ihn seinerzeit nicht erhalten hat. Was hingegen soll mit jenem tatsächlich vorhandenen Mikrofon passieren, von dem es heisst, es habe 1938 die Ansprache Adolf Hitlers beim Anschluss Österreichs aufgenommen und an Millionen von Hörerinnen und Hörern vor ihrem VE-301 weitergeleitet? Stellt man es wie bisher auf einen Schreibtisch in der ORF-Direktion (als schauerliche Drohgebärde), oder wirft man es endlich in den Sondermüll, wo es schon lange hingehört? Soll das Artefakt devotional überhöht und vom Museum mit einer Nazi-Aura versehen werden, die es hoffentlich nicht mehr hat?[95] Wahrscheinlicher ist, dass das gewichtige Mikrofon mit einem Zettel versehen wird und in das Aussenlager des «Haus der Geschichte Österreich» am Wiener Heldenplatz wandert. Noch eine Leiche im Keller.

An einer der vielen Maschinen in den Lagerräumen des schottischen Nationalmuseums hängt ein solcher Zettel.

Der elektrostatische Generator sei auf Anordnung der Entsorgungskommission im November 1948 zerstört worden, meldet der Zettel und verweist umgehend auf den mässigen Erfolg der Aufräumaktion: «Kept in case it may be required for experimental uses.»[96]

Sammlungen hat man nie im Griff.[97] Inzwischen wird aus der Not eine Tugend gemacht. Museen bieten Führungen durch ihre überquellenden Lagerbestände an.[98] Das sind ergebnisoffene Expeditionen in die Katakomben der technikhistorischen Halbwelt, die mitunter auch das Personal überraschen. So viel ist sicher: Hier bleibt alles so, wie es schon lange geblieben ist. Standort Keller, mit eher theoretischem Ausstellungspotenzial. Denn das meiste, was hier liegt, ist defekt und schmutzig, müsste mit grossem Aufwand restauriert werden und dann auch noch eines der gegenwärtigen Exponate im Museum entthronen.

Aber vielleicht muss man das Problem des technischen Museums und der darin verschwindenden Technik ganz anders lösen. Nicht mehr über ein didaktisch-expansives Konzept wie bei Oskar von Miller, nicht als Abenteuerfahrt in die längst verstopften Nachschubräume, sondern als Dienst am Publikum.

Dicht am Bahnhof der schweizerischen Kleinstadt Solothurn steht das private Technikmuseum ENTER. Seine Ausstellung ist in den letzten Jahren zum Lager mutiert. Alles ist zum Bersten voll, vielleicht auch deshalb, weil hier inzwischen nicht nur Computer, sondern auch eine Plethora an unterhaltungselektronischen Geräten, Büromaschinen und Spielkonsolen auf Erweckung wartet. Wie bei allen Museen halten auch hier jede Woche beflissene Eigentümer mit einer Wagenladung alter Geräte vor dem Museum. Eigentlich sind sie auf dem Weg zum Schrottplatz. Im Museum, dessen Name zum Eintritt und zur Eingabe einlädt, sehen sie die letzte Chance, ihren Seelenfrieden zu retten und für die gut fünfzig Jahre alte Tonbandmaschine der Spitzenklasse ein Heim zu finden. Die Hoffnung ist gering und wird auch prompt enttäuscht. Im Keller lagern einfach schon zu viele Revox-Geräte, die zwar alte Stimmen zurückspielen könnten, aber stumm bleiben müssen. Keine Stellfläche, auch nicht in der falschen Abteilung.

Immerhin: Reparieren könnte man das von allen Märkten und Anwendungen verschwundene Gerät. Man würde es zwar nicht kuratorisch korrekt restaurieren, aber gegen Bezahlung wieder zum Laufen bringen. Und dann würden es die abgewiesenen Donatoren als wiedergewonnenes, persönliches Exponat bei sich zuhause in seiner gewohnten Umgebung beherbergen. Das Museum ENTER denkt über diesen publikumswirksamen Entwurf eines museum@home nach und will das Konzept für eine dezentralisierte Trauerarbeit ins Angebot aufnehmen.[99]

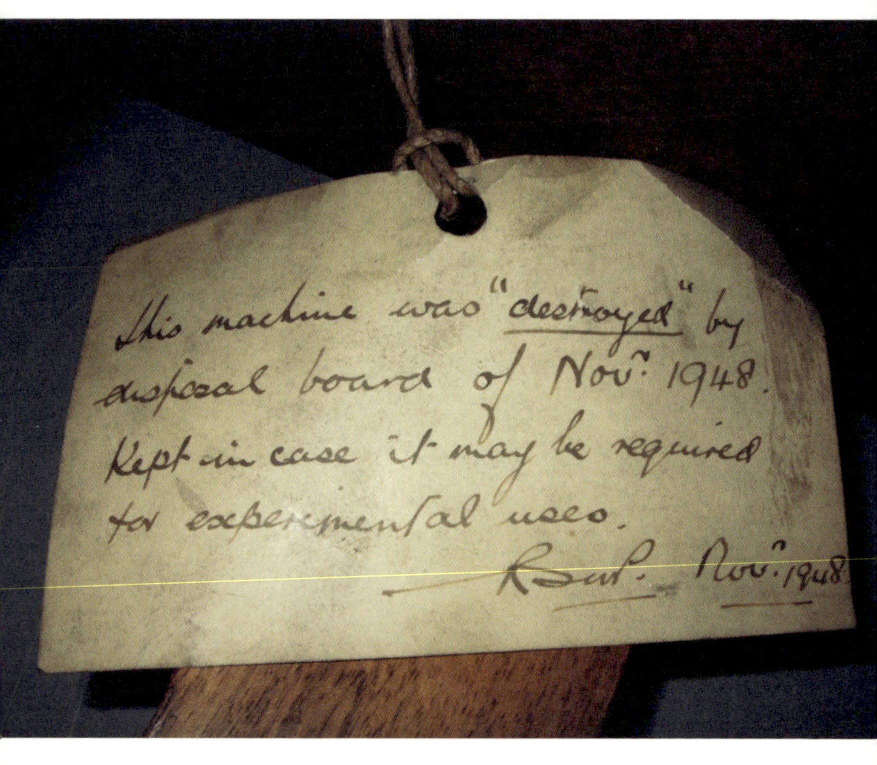

Abb. 7: Missglückter Entsorgungsversuch im Museum: «Zerstörter Generator» mit experimentellem Potenzial, 1948.[100]

Unübersichtlichkeit

In der Welt der IT verschwindet immer gerade etwas, seien es nun Maschinen, Personal, Programme, User, Adressaten oder Daten – mitunter selbst in mächtigen, gut finanzierten und klug aufgebauten Organisationen. Das zeigt eine computerhistorische Wende, die am europäischen Kernforschungszentrum CERN in Genf angesiedelt wird und allein aus weltgeschichtlichen Gründen 1989 stattgefunden haben muss. Wer sich, wie die Teilchenphysiker, für Vorgänge interessiert, die ganz kurz nach dem Urknall stattgefunden haben, geht offenbar gerne davon aus, dass die eigene Organisation einen besonderen Draht zu Urszenen hat.[101]

Seit seiner Gründung 1954 hatten am CERN unzählige Techniker und Wissenschaftlerinnen zahlreiche Experimente in physikalischer Grundlagenforschung durchgeführt und die erhaltenen Messresultate ausgewertet. Seit 1958 setzte man dafür Computer ein. Vielleicht müsste man auch sagen: Weil 1958 ein grosser Ferranti-Rechner am CERN angeschafft worden war, liessen sich die am ersten Teilchenbeschleuniger durchgeführten Experimente vernünftig auswerten.[102]

In den folgenden Jahrzehnten hat sich die informationstechnologische Landschaft des CERN ins Unüberschaubare ausgedehnt. Tausende von Angestellten und Wissenschaftlerinnen interagierten mit Zehntausenden von Servern, Grossrechnern, PCs, Harddisks und Magnetbandstationen. Manchmal wurde dieses Personal von grossen Experimentalanlagen und langfristigen Zielen zusammengehalten, manchmal war es in kleineren Forschungsteams mit einem physikalischen Spezialproblem beschäftigt. Manchmal mussten die Teilchenphysiker vorübergehend in Genf anwesend sein und an Messstationen Schicht schieben, danach waren sie wieder irgendwo auf der Welt an einem Institut für Hochenergiephysik damit beschäftigt, aus den noch nicht eliminierten Daten eines Beschleunigers theoretisch vertretbaren Sinn zu erzeugen, Berichte zu schreiben, Ergebnisse zu publizieren, neue Forschungspartner auf neue Projekte einzuschwören und den aufwändigen Betrieb des CERN auch an dessen globaler Peripherie zu ertragen.

Übersichtlich ist das CERN als IT-gestützte Organisation nie gewesen. Und Ende der 1980er-Jahre – gerade hatte man einen neuen, 29 km langen Tunnel für einen neuen Beschleuniger gebohrt – liess sich mit Fug und Recht eine zusätzliche, massive Steigerung der Unübersichtlichkeit erwarten. Das hing allerdings nicht nur am experimentellen Erwartungshorizont, sondern war auch der gewaltigen Ausdifferenzierung der IT-Landschaft seit den Sechzigerjahren geschuldet.

Die Zahl der inzwischen eingesetzten Betriebssysteme, Rechnertypen, Datenbanken, Programmiersprachen, Ablagesysteme und Speicherformate bot für all jene ein Horrorkabinett, die sich zwischen den Systemen und Netzwerken zu bewegen hatten oder, schlimmer noch, für deren Betrieb verantwortlich waren. Selbst die Protokolle, die Rechner miteinander verbanden und den Datenaustausch sicherten, bildeten einen veritablen Dschungel.

Gewiss, die Maschinen waren da, weil sie laufend durch neue ersetzt wurden. Gleiches gilt für die Doktoranden und Postdoktorandinnen. Die meisten von ihnen zogen nach zwei oder drei Jahren weiter auf der Suche nach einer festen Anstellung. Die von ihnen hinterlassenen Daten wurden regelmässig auf neue Magnetbänder umkopiert, blieben also erhalten. Sie liessen sich aber oft nur dann nutzen, wenn man wusste, worin jeweils die Raffinesse ihrer ad hoc geschriebenen Datenfilter bestanden hatte, welche Daten wie aufbereitet worden waren, in welchem Umfang sie die Arbeit überhaupt verlässlich dokumentierten und wo sie schliesslich abgelegt worden waren.

Auch die am CERN verwendeten Konferenzsysteme waren inzwischen zu unübersichtlichen Repositorien angewachsen und eine echte Zumutung, nicht nur für neue Nutzer. Vielleicht kannte sich jemand in den UUCP News einigermassen aus und hatte auch mal einen Blick in den IBM Group Talk geworfen. Das bedeutete aber nicht, dass man dann auch mit der VAX Notes-Konferenz klarkam oder genau wusste, was auf dem CERNDOC alles angeboten wurde.

Wenn Information aber in ihren eigenen Fluten zu verschwinden droht, bleibt von Informationstechnologie nur Technologie übrig – eine im Leeren drehende Technologie, die niemanden mehr informieren kann. Das Problem war nicht nur am CERN bekannt. Auch für andere Organisationen wurde die Lage unübersichtlich.[103] Manche Administratoren in Rechenzentren von Hochschulen, staatlichen Verwaltungen, Versicherungen und Banken unternahmen heroische Anstrengungen, nun doch einmal richtig aufzuräumen. Sie träumten (und installierten) neue, sauber strukturierte Repositorien, ersetzten ihre Speichermedien durch solche der nächsten oder übernächsten Generation. Manche empfahlen sogar, ohne rot zu werden, rechtlich relevante Dokumente auf Papier auszudrucken und sie ganz konventionell zu archivieren. Die Pragmatiker wiederum begannen, alte Bänder wegzuräumen und liessen die Frage, ob das darauf gespeicherte Material in Zukunft überhaupt noch zugänglich sei, solange unbeantwortet, bis sie sich de facto erübrigt hatte. All diese Administratoren schrieben selbstverständlich auch Memoranden, Strategiepapiere, Protokolle von Sitzungen mit Firmenvertretern; sie gaben Studien in Auftrag und stritten sich mit eingebildeten Wissenschaftlern, die an veralteten Systemen festhalten wollten, weil sie mit diesen, aber eben nur mit diesen, virtuos umgehen konnten.[104]

Dass das Problem letztlich doch am CERN gelöst wurde, war angesichts der massiven Anstrengungen so vieler kompetenter und leistungsfähiger Akteure eher Zufall. Eines der vielen Papiere zur Unübersichtlichkeit der informationstechnologischen Gegenwart und Zukunft schrieb der britische Mathematiker Tim Berners-Lee, der am CERN als Systemadministrator arbeitete. Er deutete die gewaltige Informationsflut seiner Zeit als Informationsverlust. Und das war originell, weil es die Verantwortung auf die Nutzerseite verschob. Egal, wo und wann Information an einem naheliegenden oder gar vorgeschriebenen Ort abgelegt worden war – Nutzer und Nutzerinnen mussten sich von den Produzenten emanzipieren und Datenmüll nach eigenen Bedürfnissen wieder in Informationen verwandeln.[105]

Glücklicherweise klärte sich Anfang der Neunzigerjahre auch die Lage bei den Kommunikationsnetzen. Inzwischen merkten sogar die Enthusiasten unter den Verbindungstechnikern, dass man sich nie und nimmer auf ein neues, sauberes und weltweit gültiges System würde einigen können, das alle alten Netzwerktechnologien obsolet machen würde. Die einzige Möglichkeit, den kommunikationstechnischen Kollaps zu vermeiden, bestand darin, die bestehenden Systeme in Ruhe ihre Datenpakete um den Globus schicken zu lassen und überall dort, aber eben nur dort, wo sie miteinander interagieren mussten, ein Zwischennetz zum Umsteigen einzurichten.[106]

Systemadministratoren setzten für solche Zubringer und Abfahrten ein altes und primitives Protokoll aus den frühen Siebzigerjahren ein, das die Kluft zwischen den elaborierteren Netzwerken bei Bedarf überbrücken konnte. Es hiess ganz unprätentiös Internet-Protokoll.[107]

Abb. 8: Demonstrative Ordnung: Das Rechenzentrum der ETH Zürich rechnet nicht mit Informationsverlust, 1970.[108]

Lebenszyklen

Von Donna Haraway haben wir gelernt, dass die Lifesciences des 20. Jahrhunderts von technoiden Metaphern geprägt sind.[109] Das gab damals viel zu denken. Dass technische Diskurse wiederum seit jeher von Metaphern des Lebens regiert werden, wird hingegen offenbar als selbstverständlich empfunden. Dabei müsste man in der Technikgeschichte eigentlich alles in Anführungszeichen setzen. Die Redeströme, die hier untersucht werden, und die Kommentare, die einem dazu einfallen, sind allesamt biometaphorisch kontaminiert.

Da ist zum Beispiel von der «Genese» und der «Entwicklung» die Rede, die zu «ausgereiften» technischen Systemen führen. Sobald sie ihre «Hochblüte» erleben, «vermehren» sie sich unaufhaltsam, wenn sie nur auf «fruchtbaren Boden» fallen. Dann aber können sich Technologien ungehindert «entfalten» und in alle denkbaren «Zweige» verästeln. Manche Maschinen werden zu gegebener Zeit von einer neuen «Generation» abgelöst, die ihre älteren und weniger «fitten Konkurrentinnen» endgültig «verdrängen». Andere sind «überzüchtet», werden zu «Nischenprodukten», weil sie nicht «robust» genug sind und wegen schwachem «Memory» und fehlender «Sensorik» «stillgelegt» werden müssen.[110]

Die biologisch bildhafte Sprache der Technikdiskurse macht Maschinen als eine andere Form der belebten Welt begreifbar. Wenn sich in Stanley Kubricks *Space Odyssey* ein

Rechner umbringt, weil er empathisch geworden ist, wird er fast schon sympathisch. HAL, wie der Rechner nach der Verschiebung des Akronyms um eine Stelle im Alphabet heisst, summt ein Kinderlied und schaltet sich ab, Modul um Modul, Strophe um Strophe. Die techno-biologische Grenze ist definitiv porös geworden, ganz besonders dort, wo vom «life cycle» die Rede ist.[111] Er lässt sich herstellungstechnisch festlegen und in ISO-zertifizierten Reparaturwerkstätten oder transplantationsmedizinischen Kliniken verlängern. Vorausgesetzt, man verfügt über geeignete Ersatzteile.

Die Logistik des Grossen Kriegs hat das bereits gründlich durchexerziert. Mit Soldaten und mit Waffen. Das berühmte Maschinengewehr 08/15 zum Beispiel bestand im Wesentlichen aus seinen Ersatzteilen, die in verschiedenen Fabriken des Reichs hergestellt wurden. Eine verbogene Mittelstütze, ein undichter Dampfschlauch, ein verklemmtes Schloss oder eine abgebrochene Zielvorrichtung – wo es Ersatzteile gab, liess sich der Lebenszyklus eines Maschinengewehrs problemlos verlängern, ohne jede funktionale Einbusse. Weil die Einzelteile normiert waren und fabrikneue Maschinengewehre im Grunde aus Ersatzteilen zusammengebaut worden waren, liessen sich die Gewehre auch mit diesen reparieren.[112]

Die Ersatzteillogik sollte auch für Soldaten gelten. Wohl nicht für die Herstellung, sehr wohl aber für ihre persönliche Ausrüstung, die sie in der Kaserne zum ersten Mal erhielten. Helm, Bajonett, Gasmaske, Stiefel, Munitionstaschen, Gewehr und Handgranaten waren immer dabei, Klappspaten, Kochgeschirr, Feldflasche und Feldstecher bei

Bedarf. Wo dieses Equipment kaputtging, liess es sich wiederbeschaffen.

Mitunter ging der Verlust aber auch ans Lebendige und betraf die körperlichen Extremitäten der Soldaten. Genau hingeschaut hat hier der Orthopäde Theodor Kölliker 1925 in seiner Abhandlung *Amputationen und Exartikulationen unter besonderer Berücksichtigung des Kunstgliederbaues*. Der Krieg habe allein in Deutschland «24 083 Armamputierte, darunter 191 Doppelamputierte, und 54 953 Beinamputierte, darunter 1084 Doppelamputierte» hinterlassen. Da jeder Amputierte Anspruch auf zwei brauchbare Kunstglieder habe, ergebe das einen Bedarf von 160 622 Prothesen.[113]

Kölliker verzichtete darauf, prothetisch reparierte Soldatenkörper wieder als schiessende Soldaten oder feilende Arbeiter zu rezyklieren, wie das der Brüsseler Prothesenspezialist Florent Martin vorgeschlagen hatte.[114] Kölliker interessierte sich mehr für den «Ersatzteilnormalismus» im Stil der industriellen Waffenproduktion. Bei den Prothesen begann die Analogie eben zu hinken. Der Versuch, ein Normalkunstbein oder normale Kunstarme industriell herzustellen, habe noch wenig Anklang gefunden, gestand Kölliker. Vorläufig könne man bloss an den Normalien für «Schrauben, Nieten, Schnallen, Riemenverbindungen, Gurte, Schienen für Bein und Arm» arbeiten.[115]

Die Machbarkeitsfiktionen orthopädischer Traktate sind schwer einzuschätzen. Ob die persönliche Ausrüstung eines Soldaten dank gesichertem Nachschub tatsächlich zu einer Verlängerung seines Lebenszyklus beigetragen hat, ist ungewiss. Sicher ist nur, dass die Prothesen, im Unterschied zum neuen Gewehr und zum Ersatzklappspaten, immer auffällig bleiben würden.[116]

Genau das ist der Unterschied zwischen körperlicher und apparativer Ersatzteilwirtschaft. Nicht der Ausrüstungscharakter des neuen Arms, nicht die Hakenform der ersetzten Hand oder der Klang eines hölzernen Unterschenkels sind das Problem, sondern die Bedeutung, die diese Ersatzteile erhalten, wenn sie getragen werden müssen. Ihre Wirkung auf den unversehrten Teil des Körpers zeigt die Grenzen einer prothetischen Ersatzteillogik. Technische Ersatzteile, die etwas taugen, verschwinden normalerweise im Gerät, dessen Verschwinden sie aufhalten sollen. Prothesen verschwinden nicht, schon gar nicht am Körper, den sie komplettieren sollen.

Abb. 9: Wie macht man aus den Teilen ein Ganzes? Schützengrabengeduldspiel, 1914/15.[117]

Obsoletes

Ausgestorbene Technologien überleben am elegantesten in der aufgeräumten Schönheit illustrierter *tablebooks*. In «Extinct – A Compendium of Obsolete Objects» von Barbara Penner und ihren Kolleginnen zum Beispiel. Hier herrscht eine abstrakte editorische Ordnung, die ihre Gegenstände aus Geschichte und Chronologie gelöst hat und sie ganz enzyklopädisch in alphabetischer Reihenfolge präsentiert. Immer ein ganzseitiges Bild, dem jeweils drei Textseiten folgen.[118]

Das ergibt ein knappes Inventar obsolet gewordener Dinge. Von den zahllosen verglühten Sternen der Technikgeschichte haben es gerade einmal hundert auf die Liste geschafft, darunter das Flugboot und der FlashCube.[119] Vorgeführt werden sie wie Jagdtrophäen. Sie sind illustrativ freigestellt, schweben ungerahmt und kontextfrei auf dem weissen Papier des Buches. Grafisch objektivierte Objekte, deren gleichförmige Anordnung die Ungleichförmigkeit ihrer Schicksale auf elegante Weise unsichtbar macht. Arsentapete, Leukotom, Pianola oder Pyrophon.

Selbstverständlich kommt auch die Concorde vor, ausnahmsweise sogar mit etwas bildlichem Kontext: Gezeigt wird jenes Exemplar, mit dem am 10. April 1969 der britische Jungfernflug des Modells bestritten wurde. Die Maschine liegt in der Luft, ist eindeutig in Richtung Himmel unterwegs, hängt gerade noch über den Scharen ihrer herbeigeeilten Fans.

Die programmatische Trennung von (obsolet gewordenem) Objekt und (historischem) Kontext ist das, was den norwegischen Architekturhistoriker Thomas McQuillan in seinem dem Bild hinzugefügten Kommentar zur Concorde interessiert. Er beginnt seine Erklärungen mit einer steilen These: Beim Aussterben versagten nicht die Objekte. «Es ist die Welt, die sie unterstützt hatte, die verschwand.»[120]

Das ist eine bemerkenswerte Verschiebung der Aufmerksamkeit. Die Abbildung der obsolet gewordenen Artefakte als freischwebende, einsam gewordene Objekte lässt sich im Normalfall mit einer Rekontextualisierung ergänzen. Das ist in der Technikgeschichte gang und gäbe: Anschlüsse, Interaktionsfelder und Beziehungen einer Technik werden als Kontext rekonstruiert, die Artefakte mit ihren vergangenen Einsatzgebieten verbunden.

Die aviatisch materialisierte britisch-französische «Entente Concordiale» ist jedoch kein Normalfall, sollte es nie sein und konnte es auch nie werden. Darum erklärt man das Verschwinden dieser extremen Technik lieber mit dem Verschwinden ihres Kontexts. So kann man Regierungen, Fluggesellschaften, Passagiere und andere Maschinen für das Aussterben des Überschall-Passagierflugzeugs verantwortlich machen, ohne den Grund in dieser ganz besonderen Maschine selbst suchen zu müssen. Das ist denn auch der Tenor der meisten Artikel und Dokumentarfilme zum Thema Concorde.

Die Arte-Doku *Absturz einer Legende* von 2020 legt dabei sogar noch zu. Sie lässt zunächst gar keinen Zweifel darüber aufkommen, dass «der Mensch» schon immer schneller, höher, weiter und eleganter hatte fliegen wollen, auch wenn «er» es heute vielleicht nicht mehr so richtig versteht und darum seine eigenen Wunschmaschinen verraten hat. Im «dramatischen Abenteuer, in dem Ehrgeiz und Genie die Hauptrolle spielen und das Schicksal Regie führt», in der Legende vom schnellsten Passagierflugzeug aller Zeiten, «Inbegriff von Schönheit und Schnelligkeit», wird das Schicksal der Concorde zudem direkt mit dem Schicksal ihrer Passagiere verknüpft, die damals noch an sie geglaubt hatten. Der Beweis kann sogar vorgelegt werden. Nur eine Umbuchung entschied am 25. Juli 2000 über Leben und Tod der Fluggäste.[121]

Dabei wäre alles gutgegangen, hätte nicht eine (amerikanische) DC-10 gleich beim Start dieses eine, nahezu bedeutungslose Bauteil verloren, das dann, durch eine unglückliche Verkettung eigentlich nebensächlicher Umstände, die nachfolgende Concorde zum Absturz brachte. So enden europäische Träume in deutsch-französischen Fernsehproduktionen und werden zum Albtraum. Erzähltechnisch lässt sich das nicht steigern, nur aufblähen, mit dem Hinweis auf die ganz grosse Krise der zivilen Luftfahrt zu Beginn des 21. Jahrhunderts, die nur ein Jahr nach dem Unfall zum zweiten schweren Schicksalsschlag für die Concorde wurde.

Auch diesmal spielt das Flugzeug nur die Opferrolle. Nach 9/11 wird das Faktum seines Verschwindens allerdings auf einmal Teil einer Geschichte von welthistorischem Format. Versagt hat hier gewiss nicht das Konzept des Überschallfliegers. Sein Scheitern ist allein dem durch internationalen Terrorismus und aggressive Billigfluggesellschaften veränderten Kontext anzulasten. Das Opfernarrativ ist mit anderen Worten auch ein Versuch, den Ruf der Concorde wenigstens auf dem Papier und im Heimkino zu retten. Es soll die Tatsache vertuscht werden, dass das Flugzeug weder am Himmel noch in der Kabine, schon gar nicht aber im globalen Flugbetrieb auf Veränderungen seiner Umwelt hatte reagieren können.

Die maximale Unbeweglichkeit des Konzepts wurde gleich nach dem Jungfernflug der Concorde deutlich. Ihre erste Erkundung des Himmels löste zwar eine stattliche Zahl von Bestellungen aus. Sie alle wurden jedoch schon bald wieder storniert. Die Concorde liess sich nicht in jedes beliebige Konzept einer Fluggesellschaft einfügen. Nur die British Airways und die Air France beliessen es nicht bei ihren Absichtserklärungen. Sogar die mächtige Pan Am verzichtete gleich auf ein Dutzend Concordes, weil der enorme Treibstoffbedarf des Flugzeugs den Betrieb selbst dann teuer machte, wenn die exorbitant hohen Entwicklungskosten von der Betreiberin nicht refinanziert werden mussten.[122] Zudem führte die Lärmbelastung des Überschallflugzeugs zu starken Einschränkungen der Start- und Landerechte. Und an Umbauten oder Auslieferungsvarianten, wie sie der gleichzeitig auf den Markt gekommene Jumbo-Jet anbot, war gar nicht erst zu denken. Die Concorde war kein zukunftsweisendes Modell für den Flugverkehr, sondern lediglich ein luxuriöses Nischenprodukt.

Allerdings ist Luxus nie vor Nachahmung sicher. Die Spezialabfertigung am eigenen Concorde-Gate liess sich für Passagiere mit hohem Distinktionsbedarf auch von anderen Fluggesellschaften am First-Class-Schalter leicht imitieren. In beiden Fällen vermochte das Zeremoniell individueller VIP-Behandlung kaum darüber hinwegtäuschen, dass man hier mit anderen reiste, die einen nicht interessierten. Die Devise «Setz dich für viel Geld in ein enges Flugzeug, um zusammen mit 170 weiteren Passagieren bei Mach 2 Champagner zu trinken» war, bei Licht betrachtet, nicht sonderlich überzeugend. Die Speisekarte der Concorde mag an die sprachliche Eleganz der französischen Küche appelliert haben; sie wirkt schon bei der zweiten Lektüre recht prosaisch. Auf der Strecke Paris-New York hatte man die Wahl zwischen «Chateaubriand poêlé, purée de céleri, ratatouille d'aubergines et pleurotes à l'huile d'olive» oder «Turban de sole à la tapenade, confit de légumes et ravioles au fromage». Wie in jeder französischen Brasserie halt.[123]

Während die Distinktionswirkung ständig abnahm, blieb der Lärm innerhalb und ausserhalb in der Kabine konstant unerträglich. Akustisch war ein Concorde-Flug schon lange ein Vintage-Erlebnis, während sich ihre zukunftsorientierten Distinktionsangebote auf dem Sinkflug befanden. Wer im neuen Jahrhundert Geld hatte, kaufte sich einen Learjet mit kurzen Boarding-Zeiten, einem höchst flexiblen Flugplan und einer uneingeschränkten Zahl von Zielflughäfen.[124]

Mit dem privaten Flugzeug war man also nicht nur exklusiver unterwegs, sondern trug zugleich der Tatsache Rechnung, dass beim Fliegen nicht die Flugzeuge, sondern die Logistik der Flughäfen matchentscheidend sind.[125] Flugreisen sind von Autobahnzubringern, Schnellzügen und U-Bahnen abhängig, ihr Möglichkeitsraum wird von der Verarbeitungskapazität der Luftraumüberwachung und den administrativen Leistungen der Fluggesellschaften bestimmt. Die grenzenlose Freiheit über den Wolken, die

Reinhard Mey noch 1974 verzückte, wird von Abläufen bestimmt, die weit unter der Nebeldecke stattfinden. Schnelles Fliegen nützt da gar nichts.

Abb. 10: Verpasstes Grounding? Zwei unverkaufte Concordes in der Fabrik in Filton, 1977.[126]

Tabula rasa

Roden und planieren, abfackeln, schleifen und sprengen – auf alle Fälle von vorne beginnen, so radikal, wie es die Philosophie verfügen kann, die Pädagogik es voraussetzt und die moderne Architektur es sich in immer raffinierteren Varianten vorstellt, oft zusammen mit Abrisstrupps, Baufirmen und rücksichtslosen, also weitsichtigen Machthabern. Man denke nur daran, wie der Baron von Haussmann und Napoleon III. aus Paris Paris gemacht haben.[127]

In der Architektur- und Stadtbaugeschichte wird der radikale Neuanfang gerne mit der Notiztafel der Antike verknüpft. Auf ihr war der Unterschied zwischen Schreiben und Löschen, zwischen Zerstörung und Konstruktion nur eine Stilfrage: Mit dem spitzigen Ende des Stylus liessen sich mutige Entwürfe und provisorische Gedanken in Wachs festhalten, mit dem anderen, spatelförmigen Ende aber alles im Handumdrehen zum Verschwinden bringen. Tabula rasa.

Schreibtechnisch ist das so naheliegend wie verständlich. In Architekturbüros und Regierungspalästen, beim Abriss und auf dem Bauplatz wird der Begriff zur Metapher und die Sache damit anspruchsvoll. Die Heroisierung des Entwurfs auf dem eben noch weissen Blatt Papier und die unübersehbare Verniedlichung seiner Folgen lassen sich kaum mehr unterscheiden. Ist Le Corbusiers Plan Voisin von 1925 die Drohung, das Marais abzureissen, oder das grossartige Versprechen, Wohnmaschinen könnten konsequent seriell hergestellt werden?[128] Wessen Wohnraum hätten seine einheitlichen Wohntürme konzentriert? Rechnete Albert Speer bei seinen Entwürfen für die Welthauptstadt Germania schon immer mit der Zerstörung Berlins, und wenn ja, durch wen?[129] War Brasília die von der Verfassung und mit Planierraupen vorbereitete Tabula rasa für die neue Hauptstadt des Landes oder einfach der grosse Platz für die Entwürfe von Oscar Niemeyer und Lúcio Costa?

Die Metapher der Tabula rasa verschärft und verharmlost diese Fragen, gibt sich manchmal ganz leichtfüssig und mediengeschichtlich, um wenig später im Bauschutt und mit dem spezifischen Gewicht von Stahlbeton unumstössliche Antworten in die Welt zu setzen. Ständig oszilliert sie zwischen der Bewegung der Hand und der Spur des Griffels, zwischen Skizze, fertigem Projekt und bautechnischer Umsetzung. Zum Glück ist es nicht immer die alte Stadt, die zum Verschwinden gebracht wird. Häufiger wohl verschwindet der Entwurf, wandert in den Papierkorb, nachdem er gerade noch die ungebremste Machtentfaltung der Architektur hätte verkünden wollen.

Eine kuriose Variante des Tabula-rasa-Spiels zwischen neuer Skizze und sauberem Plan, zwischen politischem Diktat und städtebaulicher Ausführung, zwischen Abriss und Aufbau erfand Benito Mussolini beim Versuch, dem dritten Rom architektonische Gestalt zu geben.[130] Dass er die monumentalen Reste der architektonischen Inszenierung des antiken Imperiums propagandistisch für sich nutzen musste, stand für ihn ausser Frage. Aber auch das nationalstaatliche Rom, wie es seit der Einigung Italiens unübersehbar entstanden war, sollte genutzt werden, während der im klerikalen architektonischen Erbe Roms sichtbare kirchliche Herrschaftsanspruch separat behandelt werden musste. Unter diesen Prämissen agierten die Faschisten – nicht nur städtebaulich – im ungemütlichen Spannungsfeld futuristischer Ambitionen und reaktionärer Erwartungen.[131]

Um das dritte Rom präsentabel entwerfen zu können, brauchte es viele Anläufe. Hinreichend Freiraum für das Vorhaben, den Faschismus architektonisch in monumentalem Massstab als radikalen Neuanfang zu präsentieren und ihn gleichzeitig als *translatio* des imperialen Roms erscheinen zu lassen, gab es zum Bedauern des Duce nur an den Rändern der Stadt: im Nordosten für die Sportstätten des Foro Mussolini (heute Foro Italico) und im Süden für den als Bühne für die Weltausstellung 1942 gedachten EUR-Komplex. In Zentrumsnähe hingegen stiess man überall auf Bauten, die dem Duce hätten nützlich sein können und solche, die er nicht ungestraft hätte abreissen lassen können. Mit der Tabula rasa kam man ausgerechnet in Rom nicht weiter, so radikal und rücksichtslos sich der Duce und seine Partei auch geben wollten.

Um den Römern dennoch Rom zu zeigen, wurde die Stadt deshalb «ausgeweidet», so dass das imperiale, das nationale und das faschistische Rom gleichzeitig sichtbar werden konnten. Das war weniger eine Politik der Tabula rasa, eher die tatkräftige Bearbeitung des urbanen Palimpsests, auf dem «kranke» Einbauten und unerwünschte Quartiere weggekratzt wurden.[132]

Das setzte immer noch ein koordiniertes Zusammenwirken von Bohrmaschinen, Lastwagen, Vorschlaghämmern und Planiermaschinen voraus. Mitten in dieser Maschinerie aber stand der Duce, ikonografisch präzise inszeniert als derjenige, der sich persönlich und mit ganzer Kraft dem *sventramento* widmete und die Spitzhacke über alten Dächern schwang.[133] «Il piccone risanatore» kompensierte, wie der Architekturhistoriker Spiro Kostof gezeigt hat, den Umstand, dass in Rom nicht mit grosszügigen Boulevards, gewaltigen Konzepten und obligatorischen Blickachsen, ja nicht einmal mit neuen monumentalen Bauten Staat zu machen war.[134] Solchen Vorhaben stand eben immer gerade etwas im Weg, das sich faschistisch umdeuten liess und gar nicht abgerissen werden musste.

Darum wurde nur die dazwischenliegende, «unnütze» Bausubstanz ausradiert. Das Drama fand nicht im visionären Entwurf statt, sondern im Abbruch. Er wurde zum Zentrum der Selbstdarstellung des Duce, war so gewalttätig wie die Bewegung, die er anführte – und so destruktiv wie jene, die er als erster Arbeiter des Staates mit dem Pickel ausführte.[135]

Abb. 11: Das Ausweiden der Stadt im laufenden Betrieb: Spina di Borgo in Rom, 1937.[136]

Verlustfrei

Verluste werden in Bilanzen festgehalten oder in Anzeigen bekanntgemacht. Sie werden also dank spezialisierter Kanäle gesellschaftlich verfügbar gehalten und lassen sich anschliessend rituell, rechtlich oder rhetorisch behandeln. Was jedoch nicht als Verlust taxiert wird, sondern bloss verschwindet, tut das in der Regel sang- und klanglos. Denn zunehmende Bedeutungslosigkeit kann nicht registriert werden und wird deshalb auch nur beiläufig kommentiert.[137]

Die Geschichte der Minidisc bestätigt diesen (soziologischen) Unterschied zwischen Verlust und Verschwinden nur zum Teil. Die grossen Erwartungen an das 1992 eingeführte Speicherformat für Musik sprechen dafür, dass sein Ableben als grosser Verlust hätte registriert werden müssen: Es versprach alles für die privaten Musiksammlungen der Welt, war ziemlich kopierfähig, stets aufnahmebereit, sicher zu transportieren und dennoch einigermassen bezahlbar.[138] Für unterwegs, beim Flanieren der MTV-Generation durch die Malls und Fussgängerzonen der Städte, störte der Qualitätsverlust im Vergleich mit der CD kaum.[139] Anders als beim Walkman musste man den gerade jetzt dringend gebrauchten Song nicht durch langes Spulen suchen, und anders als beim Discman konnte man sich selber dennoch bewegen. Zudem gab es begründete Aussichten, in ein Medium der Zukunft investiert zu haben. Einige Musikproduzenten vertrieben ihre Alben bereits im komprimierten Minidisc-Format. In Japan entstanden spezialisierte Mediatheken und einschlägige Copyshops. Andernorts kamen Minidisc-Laufwerke für HiFi-Anlagen, elegante Automobile und für erweiterte PCs in die Verkaufskataloge – auf dem neuen Medium liess sich ausser Musik alles speichern, das die Festplatte belastete oder verschenkt und verteilt werden musste.[140]

Diese Erfolgsaussichten wurden nach der Jahrhundertwende jedoch enttäuscht, die Erwartungen und Routinen im globalen Musikmarkt verschoben sich in ganz andere Bereiche. Angesagt waren jetzt MP3-Player, iPod und Smartphone, genutzt wurden netzbasierte Sharing- und Streaming-Dienste.[141]

2011 und 2013 veröffentlichte Sony Pressemitteilungen, in denen das Ende der Minidisc angekündigt wurde.[142] Schockiert oder untröstlich war niemand. Selbst unterhaltungselektronische Journale kommentierten diese «Todesanzeigen» recht emotionslos. Und die Grafiken, die die weltweit verkauften Tonträger der letzten Jahrzehnte verzeichneten, waren so stark vom Untergang der Schallplatte und dem Aufstieg der Compact Disc geprägt, dass sich weder die strategische Ausrichtung noch die statistische Bedeutung der Minidisc hätten darstellen lassen.

Insgesamt dämmerte also Sonys Tonträger still und unverdrossen seinem Vergessen entgegen. Immerhin findet man heute einige interessante Spuren auf YouTube. Zum Beispiel unter den von «Colin» produzierten Dokumentarfilmen.[143] Das Minidisc-Video wurde in den letzten zwei Jahren über 3,7 Millionen Mal angesehen. Vielleicht haben ihm nicht alle Zuschauerinnen und Zuschauer gleich eine Dreiviertelstunde ihres knappen Nostalgiezeitbudgets geopfert.

Aber viele haben sogar einen Kommentar geschrieben. Über siebentausend Einträge sind inzwischen zusammengekommen.

Es gibt sie also noch, die User von damals. Jede und jeder mit einer eigenen Erinnerung. Kaum jemand ist traurig, niemand klagt über seine Fehlinvestition, über den ruchlosen Kapitalismus, die verlorenen Werte und Töne. Das Video von «Colin» wird als gelungener Nekrolog gelobt, die Erinnerung an die farbigen Hüllen wachgerufen. Ein Kommentator berichtet darüber, dass ihn das YouTube-Video zu einem Reanimationsversuch mit frischen Batterien ermutigt habe.

Letztlich ist die Vereinzelung der Kommentatorinnen und Kommentatoren jedoch unüberhörbar. Da gibt es keine Community, keine stabilen Erzählungen, keine kollektive Wut. Nur kuriose Reminiszenzen. Geteilt wird der höchst ambivalente Titel der Doku: *The (Not) Forgotten Audio Format That (Never) Failed.* [144]

Erst beim hartnäckigen Weitersuchen findet man eine Liste von «Colins» Quellen sowie den schrägen Hinweis, dass die Doku nicht mehr nur auf YouTube gestreamt wird, sondern nach einer technischen Auffrischung auch auf VHS-Kassetten erhältlich ist. Mitten im aufregenden medialen Durcheinander entdeckt man auf der Rückseite dieser Kassette einen knappen Klappentext, der sich (in immer kleiner werdenden Lettern) wie die Ankündigung eines veritablen Dramas liest. In den frühen 1990er-Jahren sei die Minidisc von einem Elektronikgiganten in die Welt gesetzt worden, um grosse Schlachten mit rivalisierenden Formaten und musikindustriellen Konkurrenten zu führen. Sie könne sich noch immer auf ihre Anhänger verlassen.

Das relativiert die Annahme, dass sich nur Verluste gebührend registrieren lassen. Denn Video-Plattformen und technikhistorische Marginalien können das Verschwinden einer Technik medial aufheben und historisch recodieren. ATRAC – Adaptive Transform Acoustic Coding – nannte Sony das Protokoll, mit dem Musikdateien auf Minidiscs geschrieben wurden.[145]

Abb. 12: As portable as you are: Random Access für das späturbane Subjekt, 1995.[146]

Deus ex machina

Am 26. August 1660 zogen Louis XIV. und Marie-Thérèse von Österreich als frischvermähltes Paar in Paris ein. Ihre Vermählung war sorgfältig ausgehandelt worden und hatte zu den Bestimmungen des Pyrenäenfriedens gehört, den man als das verspätete französisch-spanische Ende des Dreissigjährigen Kriegs bezeichnen könnte. Er kann auf alle Fälle als grosser Erfolg der französischen Aussenpolitik gelten. Gleichzeitig rubrizierte der Einzug des königlichen Paars in die Hauptstadt den innenpolitischen Sieg der Krone über die Fronde und die Stadt.[147]

Im spektakulären Umzug wurde das Problem, königliche Macht als absolute darzustellen, nicht gelöst. Aber er war immerhin eine von vielen Möglichkeiten, Anwesenheit und Abwesenheit des Königs miteinander zu verbinden. Offene Stadttore, Salutschüsse der Bastille, schnell errichtete Triumphbögen, der Aufmarsch aller Körperschaften der Stadt, Statuen antiker Götter, Säulen mit allegorischen Darstellungen der Freude, des Gehorsams, der Treue, der Eintracht, ein Blütenteppich auf dem Weg zum Louvre, Konzerte, folkloristische Tänze und die Büsten aller Könige Frankreichs. Die Entrée inszenierte in guter alter Tradition den Triumphzug des Herrschers mit der geforderten Huldigung durch seine Untertanen.

Wie beim Pyrenäenfrieden und der Hochzeit des Königs hatte auch hier Kardinal Mazarin die Fäden gezogen, der Noblesse und der Stadt ihre Rollen zugewiesen und das allegorische Programm bestimmt. Uwe Schultz hat das in seiner Biografie *Der Herrscher von Versailles* nochmals elegant Revue passieren lassen und dabei auf ein besonders raffiniertes Element der Inszenierung hingewiesen. Hinter dem Tross des Königs folgte, das war selbstverständlich, der Tross des Kardinals und Strippenziehers. Aufgefallen ist allein schon die ausserordentliche Länge dieses Nachzugs. 72 Maultiere mit livrierten Knechten, gefolgt vom Stallmeister mit «24 reich gekleideten und wohlberittenen Pagen, denen wiederum 12 Pferde folgten». Danach zogen elf sechsspännige Karossen am Publikum vorbei. Die zwölfte schliesslich war die Karosse des Kardinals. Sie wurde, in Abweichung von der rangüblichen Ausstattung, nicht von sechs, sondern von acht Pferden gezogen – und war leer. Mazarin sass, zusammen mit der Mutter des Königs, auf dem Balkon eines Palais, der an der Umzugstrecke lag. Von seiner VIP-Lounge aus beobachtete er das von ihm organisierte Geschehen, ohne daran teilnehmen zu müssen.[148]

Das war in der Tat, wie Schultz anmerkt, ein grossartiger Theatercoup. Die Szene verdeutlicht aber weit über alles Theatralische hinaus auch ein Funktionsprinzip absolutistischer Repräsentationsmaschinen. Die von wohldekorierten Kutschen, Pferden und Pagen angekündigte Präsenz des Repräsentanten königlicher Macht ist gerade dann besonders wirksam, wenn der Kardinal nicht mitten im Geschehen sitzt, sondern anderswo Platz genommen hat. Die leere Kutsche bedeutete, dass der Kardinal überall sein konnte. Die Repräsentationsmaschine produzierte, das hat der König dabei gelernt, aus dem Übermass einer Abwesenheit wertvolle Gegenwart und Omnipräsenz.

Im höfischen Rahmen hat Louis XIV. Mazarins Lektion nicht mit einem Knalleffekt, sondern mit leisen Verschiebungen umgesetzt.[149] Das lässt sich an jenem Dispositiv ablesen, das den König als Apoll vorführte. Schon als junger König hatte er den Hof als Solotänzer im Kostüm des Sonnengotts beeindruckt. Lange würde er diese körperlich wie künstlerisch anspruchsvollen Auftritte nicht mehr riskieren können. Louis verstärkte deshalb sein Kostüm und trug beim Tanz immer öfter eine Sonnengottmaske. Das erleichterte es ihm, das Tanzen schliesslich einem ebenfalls maskierten professionellen Tänzer zu überlassen und sich in die Rolle eines Zuschauers zu begeben.[150]

Seit den frühen 1660er-Jahren schaute Louis XIV. zu, wie ein als Sonnengott ausgerüsteter Spitzentänzer die anwesende höfische Gesellschaft in seinen Bann zog. Und alle sahen dabei, wie der König von seinem Thron die kunstvollen Bewegungen seines allegorisch transformierten Repräsentanten betrachtete. Sie sahen auch, wie der König die nach Rang und Namen aufgestellten Mitglieder seines Hofs beim Zuschauen fest im Blick behielt. Die Szene multiplizierte also die königliche Präsenz und erhöhte damit die Wirkung des tanzenden Apolls, bis sich mit Fug und Recht sagen liess: Das Bild des Königs ist der König.[151]

Allerdings kann auch ein besonders mächtiger König nicht dauernd tanzen oder tanzen lassen. Schon gar nicht hat er laufend neue Gelegenheiten, Friedensverträge abzuschliessen, dynastisch vorteilhaft zu heiraten und die Noblesse und die Hauptstadt symbolisch in die Knie zu zwingen. Er kann jedoch Aufträge erteilen und Rollen zuweisen. So habe er, weil er sich in der Musik und im Tanzen wie kein anderer an seinem Hof auskannte, die Produktion eines grossen Balletts angeordnet, das ein paar Jahre nach dem Einzug in Paris im Louvre aufgeführt wurde. Davon berichtete Jacques Bonnet in seiner Musikgeschichte von 1715.[152] Aufwand und Wirkung seien weit über jede venezianische Oper hinausgegangen, und der maskierte König habe in mehreren Entrées getanzt und dabei «par son grand air & sa bonne grace» alle berühmten Tänzer des Hofs weggeputzt. «Effacer» ist das Wort, das Bonnet dafür verwendet. Dafür seien beim Ballett die aussergewöhnlichsten Maschinen zum Einsatz gekommen.[153]

Ein 1665 aufgeführtes Ballett zeige, dass sich selbst diese theatralische Raffinesse noch steigern liess. Nach dem Auftritt eines ganzen Apparats von tanzenden Allegorien, der von einer grossen Zahl von Musikern und Musikerinnen des Hofes begleitet wurde, seien ganz unvermittelt die Götter Pan und Diana erschienen, begleitet von einer Flöten- und Sackpfeifensymphonie. Man sah, wie sie auf einem von mehreren Bäumen beschatteten Felsen erschienen sind, der «in der Luft schwebte, ohne dass sich die Künstlichkeit hätte entdecken lassen», wie Bonnet entzückt festhält.[154]

In dem vom König in Auftrag gegebenen Ballett liess sich nicht erkennen, womit der Deus-ex-machina-Effekt erzielt wurde. Die königliche Macht hatte einen Weg gefunden, nicht nur *a legibus solutus*, sondern auch losgelöst von allen Gesetzen der Mechanik in Erscheinung zu treten, indem sie die Mechanik ihrer Repräsentationsmaschinerie zum Verschwinden gebracht hatte.

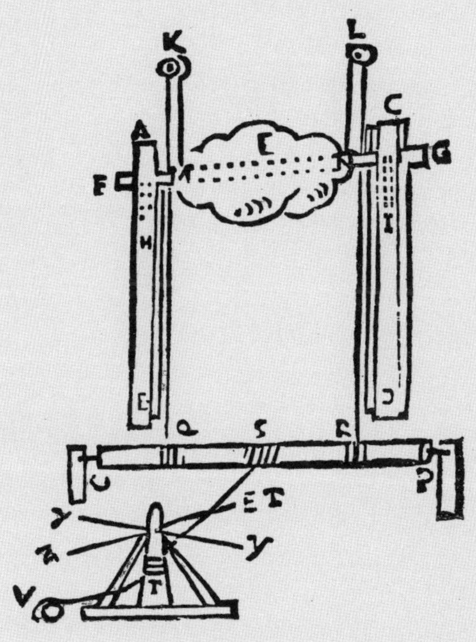

Abb. 13: Nebulöse Effekte im Theater des Königs: Montageplan für Nicola Sabbatinis Wolkenmaschine, 1638.[155]

Auflösungen

Die Beschäftigung mit dem Verschwinden der Technik findet keinen in der Sache begründeten Schluss. Darum habe ich jeder der hier versammelten Marginalien ein Bild nachgestellt, das die Auflösung weitertreibt. Manchmal ist dieses Bild nur kurios oder interessant, im besten Fall ist es irritierend, oft und erst Recht bei näherer Betrachtung einfach ein Rätsel. Einige der Bilder verlängern damit die Geschichte des Verschwindens der Dinge; andere zeigen, dass Technik ihre Voraussetzungen zum Verschwinden bringt, bevor sie selber verschwindet. Man denke an die messtechnischen Voraus- und Fortsetzungen einer Topographie der flachen Berge, an der immer weitergearbeitet werden muss (Abb. 5), oder man denke an das (längst verschwundene) dechiffrierende Personal in Bletchley Park vor dem geheimen Auftauchen und dem ebenso geheimen Verschwinden von Colossus (Abb. 6).

Die Marginalien und ihre Bilder bewegen sich in einem Spannungsfeld, dessen Pole Apollo auf der einen und Apoll auf der anderen Seite sind. Den Rahmen der Darstellung bilden also zwei äusserst aufwändige Dispositive, die Aufmerksamkeit einschränkten und Herrschaftsansprüche sichtbar machten. Beide haben dafür ein absolutes Bild erzeugt. Aber weder das Bild des absolutistischen Sonnenkönigs noch jenes des blauen Planeten, den die US-amerikanische Hegemonie hervorgebracht und verbreitet hat, zeigt das Verschwinden des Dispositivs.

Um die verschwindende Apparatur, die das Bild erzeugt hat, sehen zu können, braucht es eine schräge Perspektive. Von Nicola Sabbatinis Wolkenmaschine (Abb. 13) ist ausser einer Skizze nichts mehr vorhanden. Verschwunden sind nicht bloss die Wolken und die Götter, die auf ihr daherkamen. Die Skizze zeigt jedoch, dass die Repräsentationsmaschinerie des absolutistischen Hofes Anwesenheit und Abwesenheit kombiniert hat, ohne dass sich die Künstlichkeit der Installation hätte erkennen lassen. Die Maschine hatte sich schon im Betrieb selber zum Verschwinden gebracht.

Auch der Schnappschuss vom Set jener CBS-Doku (Abb. 1), die den Flug von Apollo 8 erklären sollte, gewährt einen schrägen Blick aufs Dispositiv des Zeigens und Verschwindens. Wo der eifrige Bühnenarbeiter die Requisiten Erde und Mond am besten aufstellen sollte, um damit fernsehtaugliche Weltraumanimationen zu filmen, ist dem Moderator Walter Cronkite wohl nicht ganz klar gewesen. Der unbeteiligt Rauchende in der Mitte des Bildes – es könnte sich um Elliot Gould handeln – denkt wohl gerade darüber nach, ob sich der Umweg von der Erde um den Mond ins Studio und von dort auf die Mattscheiben der Welt wirklich gelohnt haben wird, bloss um sich ein Bild von der Erde zu machen.[156]

Auch Technologien, die etwas bewegen, also für den Antrieb zuständig sind, verschwinden. Abgemeldete Automobile gehören bekanntlich auf den Schrottplatz, ausgebrannte Raketenteile in den Weltraum. Es sei denn, ein katastrophaler Absturz gebe Anlass für eine besonders intensive Spurensuche am Verschwundenen (Abb. 2). Dann müssen alle Trümmerteile auf die Planquadrate eines riesigen Hangars gelegt werden, damit die speziellen Gründe für das Verschwinden der Weltraumfähre Columbia rekonstruiert werden können.

Sekundäre Antriebseffekte können sogar vom achtlos Weggeworfenen ausgehen. Das suggeriert ein alter, auf Youtube aufbewahrter Werbespot. Die wilde Musik, die erwartungsfrohe junge Musiker aufgenommen haben, wird vom Musikproduzenten in ihrer Genialität verkannt, der Tonträger aus dem Fenster des Hochhauses geworfen. Eigentlich sind jetzt auch alle Töne verschwunden, wäre da nicht der souveräne Skateboarder, der die achtlos im Strassenstaub liegende Minidisc aufnimmt und sich von der rasanten Musikaufnahme zu einer beschwingten Fahrt antreiben lässt (Abb. 12). Körperliche und mediale Beweglichkeit, also hohe *portability* und *random access* waren die erfüllten Versprechen dieses digitalen Audioformats. Auf lange Sicht half das jedoch nicht gegen das Verschwinden. Die Minidisc blieb eine marginale Episode in der Geschichte der Unterhaltungselektronik.

Sehr selten habe ich Bilder gefunden, bei denen Auftauchen und Verschwinden gleichzeitig zu beobachten ist. Auf der vergilbten Fotografie aus dem Robenhauser Riet der 1860er-Jahre gesellt sich Jakob Messikommer zu jenen mühsam freigelegten prähistorischen Pfählen, die sein grosses Grabungsloch begrenzen (Abb. 3). Viel Dreck, Torf und Wasser. Und am Rand des dunklen Nichts, fast schon selber verloren, steht der bäuerliche Archäologe, der seine beweglicheren Fundstücke längst in alle Welt verkauft hat.

Nach längerem Suchen stösst man schliesslich auf Bilder, die das *Scheitern* des Verschwindens, die *Widerspenstig-*

keit der Gegenstände oder die *Ankündigung* des bevorstehenden Unheils lange vor der Katastrophe dokumentieren.

Gescheitert ist beispielsweise die vom Ministerium für Staatssicherheit Ende 1989 angeordnete Vernichtung seiner Akten. Die damals lediglich vorvernichteten Dokumente warten bis heute nicht etwa auf ihre Verwertung als Altpapier aus der untergegangenen DDR. Die Papiere, von der Gauck-Behörde in Abfallsäcke gestopft und notdürftig angeschrieben, sind die Aktenbestände der BRD. Dafür müssen sie jedoch wieder zusammengeklebt und vor dem Verschwinden bewahrt werden (Abb. 4).

Unerwartet *widerspenstig* gestaltete sich die städtebauliche Umgestaltung der Stadt Rom unter faschistischer Herrschaft. Eine radikale *tabula rasa* verbot sich hier von selbst. Das imperiale, das nationalstaatliche, das kirchliche und das lebendige Rom kamen sich ständig in die Quere – die Strassenbahnen mussten weiterfahren, die Fensterläden der Wohnhäuser weiterverwendet, die Monumentalbauten des Vatikans erhalten bleiben (Abb. 11). Es blieb nur das Ausweiden (*sventramento*) der Stadt, also so etwas wie eine städtebauliche Vernichtung urbaner Innereien.

Als *Ankündigung* des bevorstehenden Untergangs schliesslich versteht man heute den Blick in die Konstruktionshalle der Concorde von 1977 (Abb. 10). Nur wenige Jahre nach dem Jungfernflug der Überschallwunschmaschine wurden die ersten Exemplare des Flugzeugs bereits auf Halde gebaut.

Allerdings kennt das Verschwinden nicht einmal in diesem spektakulären Fall ein klares Ende. Gerade darum lässt sich die Auflösung der Zusammenhänge immer weiter beobachten und kommentieren. Man kann sie in neue Narrative überführen, die sich aus Fundstücken, archivierten Berichten und Fragmenten von alten Erzählungen komponieren lassen. Sie werden in dieser Form als technikhistorische Poiesis oder in Ausstellungen und Bildbänden für eine kurze Weile Bestand haben. Die Spuren einstiger Wirkungen lassen sich so ordnen, fragmentarische Nachrichten von Abmeldungen mit ihren vielfältigen Verweisen auf einstige Arrangements und Aufmerksamkeiten an Bildern festmachen.

Bilanzieren lässt sich das Verschwinden jedoch nicht – es gibt keine Register des Verschwundenen, keine Kanäle, die aufs Verschwinden spezialisiert wären. Skepsis ist auch angebracht gegenüber der Hoffnung, eine Typologie des Verschwindens herzustellen. Das hat ja bereits bei der Technikgenese nicht geklappt. Hingegen drängt sich der Schluss auf, dass wenigstens das Nachdenken über die Spuren des Verschwindens erhalten bleiben wird.

Dank

Dass ich mich irgendwann mit dem Verschwinden würde beschäftigen müssen, war mir schon lange klar. Dass ich es aber auch tun wollte, ergab sich erst aus dem Vorschlag Christian Demands, ein Jahr lang die Schlusskolumne für den Merkur zu schreiben. Was wir uns beim Frühstück am Central in Zürich munter ausgedacht hatten, mündete wenig später in harter Arbeit. Für beide. Wie schnell ein Monat vergeht und wie viel er trotzdem zu tun geben kann, weiss ich seither. Christian Demand bin ich nicht für diese Einsicht dankbar, sondern für sein kluges, konsequentes und dennoch komplizenhaftes Begleiten des Projekts. Wenn ich mich gerade mit Blumenberg verrannt hatte, waren Christian Demands Kommentare aus der Redaktion in Charlottenburg besonders unmissverständlich – «diesen Abschnitt würde ich ganz weglassen». In allen anderen Fällen aber waren die Anmerkungen und Rückfragen immer empathisch, offen und ermutigend. Für beides möchte ich sehr herzlich danken.

Ricky Wichum und Rachele Delucchi haben alle Entwürfe und Nachbearbeitungen kommentiert und mir immer zugehört, wenn ich mich aus einer textlich verfahrenen Situation per Videoschaltung rausreden wollte. Am Ende dieser Unterhaltungen nahm der Text meistens wieder Fahrt auf, oder die verkorkste Stelle wurde einfach gelöscht. Ricky hätte wohl gerne etwas mehr soziologische Struktur gehabt, Rachele eine präzisere Begrifflichkeit. Wenn nichts mehr half und weder das eine noch das andere folgte, fragten sie nach dem Thema der nächsten Kolumne. Danke Ricky, danke Rachele für diese grosszügige Unterstützung.

Jakob Tanner, Erich Projer und Daniela Zetti haben die Arbeit mit wertvollen Kommentaren begleitet. Ohne es selber zu wissen, waren sie ein Dreigestirn, das mir Orientierung bot. Was hätte Schumpeter dazu gemeint? Wie kommst Du jetzt auf diese Idee? Oder ganz knapp, per WhatsApp: Streich den Sägefisch.

Sonja Vogelsang, Leander Leuenberger und Inez Barrer suchten Material (und sortierten das Gefundene), gingen medientechnisch völlig unerschrocken zur Sache und erinnerten mich dennoch daran, dass ich gerade dabei war, aus zwei verschiedenen Quellen eine zu machen. Für weitere wertvolle Hinweise danke ich Luca Thanei, Mirjam Mayer, Birgit Christensen, Thomas Meier, Lisa Bollinger, Michael Hampe, Hans-Rudolf Wiedmer und den Studierenden im technikhistorischen Seminar der ETH. Und ich danke Tsering Gampatshang, deren diskrete Verlässlichkeit selbst aus einem akademischen Kleinbetrieb eine vergnügliche Veranstaltung macht.

Mein Herzensdank aber gilt Simone. Weil sie mir immer wieder erklärt, dass Leserinnen und Leser Luft brauchen. Und weil sie sich standhaft weigert, mein Märchen vom wirklich letzten Buch zu glauben.

Anmerkungen

1 Fragen *an* die Geschichte entziehen sich offenbar ebenso einer Selbstanwendung wie die Lehren *aus* der Geschichte. Zur Historia magistra vitae siehe Koselleck 1989.
2 David Gugerli, «Technikgeschichte», in: Historisches Lexikon der Schweiz (HLS), Version vom 11. 9. 2012. Online: https://hls-dhs-dss.ch/de/articles/045891/2012-09-11/ (abgerufen 3. 7. 2023).
3 Siehe www.tg.ethz.ch.
4 Als Ausnahme: Weber 2022.
5 Das zu behaupten ist nicht die Aufgabe eines Technikhistorikers.
6 Rammert 1988; Latour 1987; Stäheli 2021; Reckwitz 2022.
7 Die hier abgedruckten Texte wurden nur leicht retuschiert.
8 Darin sind sich, bei ganz unterschiedlicher Absicht, Schalansky 2019 und Reckwitz 2022 einig. Ein Inventar obsolet gewordener Dinge findet sich bei Penner u. a. 2021. Das Ausrangieren, Zerlegen und Beseitigen des Gemachten thematisiert Weber 2014. Das ist einer der wenigen programmatischen Texte zum technikhistorischen Umgang mit obsolet gewordenen Artefakten.
9 Zur (komplexen) Komplementarität von Archiv und Deponie siehe Wieland 2020.
10 Brinkley 2012.
11 www.c-span.org/video/?455214-2/man-moon-flight-apollo-8 (abgerufen 28. 11. 2022).
12 Das Protokoll des Funkverkehrs zwischen dem Mission Control Center in Houston und den Astronauten von Apollo 8 findet man in Woods, David W. und Frank O'Brien (Hg.): Apollo 8 Flight Journal – Day 3: The Green Team. https://history.nasa.gov/afj/ap08fj/09day3_green.html (abgerufen 12. 9. 2022).
13 Ausführliche Instruktionen zum Gebrauch der TV-Kamera erhielten die Astronauten von Apollo 8 während des Fluges zum Mond am 23. Dezember 1968. Vgl. https://history.nasa.gov/afj/ap08fj/09day3_green.html, 054:33:42. Zum Eidophor

siehe Meyer 2008. Zum Mission Control Center als Synchronisierungsplattform und als Rechenzentrum siehe Gugerli 2018, S. 88–102.

14 https://history.nasa.gov/afj/ap08fj/21day4_orbit9.html, 086:06:40 bis 086:08:39.

15 Ausschnitt aus der Lesung: www.youtube.com/watch?v=-QaG-E J7RyEU (abgerufen 28. 11. 2022).

16 https://history.nasa.gov/afj/ap08fj/09day3_green.htm, 055:17:51 bis 055:18:49. Zum Mission Control Center in Houston siehe Philco 1967 und notfalls auch Kranz 2000.

17 Meadows u. a. 1972; Sachs 1994; Cosgrove 1994.

18 Gugerli 2018, S. 91–92. Zum Rechner im Raumschiff vgl. Mindell 2008.

19 Kennedys Rede vor dem Kongress am 25. Mai 1961: www.jfklibrary.org/learn/about-jfk/historic-speeches/address-to-joint-session-of-congress-may-25-1961 (abgerufen 28. 11. 2022).

20 American CBS News anchorman Walter Cronkite at Cape Canaveral with two unidentified workers during the filming of a segment for the CBS news report *The Flight of Apollo 8*, Cape Canaveral, Florida, December 17, 1968. Bildnachweis: CBS Photo Archive via Getty Images.

21 Woods 2016; Thomas und Thomarios 2012.

22 Kessler 1971. Ich danke Luca Thanei für viele Hinweise, Einsichten und Einwände zum Thema Weltraumschrott und Kessler-Syndrom.

23 «Durch eine solche streng organisirte, in 24 Departements abgetheilte Himmels-Polizey hofften wir endlich, diesem, unsern Blicken sich so lange entzogenen Planeten, wenn er anders existirt und sich sichtbar zeigt, auf die Spuhr zu kommen.» Monatliche Correspondenz zur Beförderung der Erd- und Himmelskunde, Gotha, Nummer 3, 1801, 602 f., zitiert nach Brosche 2009, S. 121.

24 Kessler und Cour-Palais 1978.

25 Kessler und Cour-Palais 1978. Vgl. auch die zugespitzte Deutung des «debris belt» in Eichler u. a. 1993.

26 Siehe Kessler 1993.

27 Zur Organisationsgeschichte der nordamerikanischen Weltraumüberwachung vgl. Johnson 1993.

28 Zur Struktur und zum Unterhalt der US-amerikanischen Weltraumschrottdatenbank vgl. Jackson 1990.
29 Eichler u. a. 1993.
30 Fitzgerald 2000; Levin 1986; Kounosu 1987.
31 Parallel zur *Strategic Defense Initiative* gab es in den 1980er-Jahren die *Strategic Computing Initiative*, die von der DARPA finanziert wurde und Lisp-Rechner für Computersimulationen entwickelte, bevor diese Maschinen Opfer des sogenannten KI-Winters wurden. Zu den Leistungsansprüchen der Lisp-Rechner vgl. Symbolics Technical Summary 1985 (www.sts.tu-harburg.de/~r.f.moeller/symbolics-info/symbolics-tech-summary.html).
32 www.bezosexpeditions.com/updates.html?ref=longnow.org
33 Jorgensen u. a. 2003.
34 Columbia Space Shuttle debris lies on the floor of the RLV Hangar May 15, 2003 at Kennedy Space Center, Florida. The Columbia Accident Investigation Board investigators say that a culture of low funding, strict scheduling and an eroded safety program at NASA doomed the flight of the space shuttle. Bildnachweis: NASA via Getty Images.
35 Wo nicht anders angegeben, beziehe ich mich auf die scharfsinnige Analyse von Kauz 2000. Vgl. auch Altorfer, Kurt: «Pfahlbauer», in: Historisches Lexikon der Schweiz (HLS), Version vom 27. 9. 2010. Online: https://hls-dhs-dss.ch/de/articles/007856/2010-09-27/ (abgerufen 5. 12. 2022).
36 Meyer, Benedikt 2018: Die Schweizer tauchen auf, https://blog.nationalmuseum.ch/2018/07/als-die-pfahlbauer-als-erste-schweizer-galten/ (abgerufen 5. 12. 2022).
37 Zur Gründung und Geschichte des Polytechnikums vgl. ausführlich Gugerli u. a. 2005.
38 Schweizerisches Landesmuseum und Schweizerisches Institut für Kunstwissenschaft 1998.
39 Höneisen 1990. Boss, Stefan: *Wie die Pfahlbauer in der Schweiz zum Mythos wurden*, www.higgs.ch/wie-die-pfahlbauer-in-der-schweiz-zum-mythos-wurden/40427/ (abgerufen 5. 12. 2022).
40 Kauz 2004.
41 Altorfer 2004.
42 François de Capitani: «Schweizerisches Landesmuseum (SLM)», in: Historisches Lexikon der Schweiz (HLS),

Version vom 28. 10. 2011. Online: https://hls-dhs-dss.ch/de/articles/010350/2011-10-28/ (abgerufen 23. 6. 2023).

43 Altorfer 1999.

44 Altorfer 1999. Vgl. auch Van Willigen, Samuel 2019: *Tür zu!* Blog des Schweizerischen Nationalmuseums https://blog.nationalmuseum.ch/2019/01/tuer-zu/ (abgerufen 5. 12. 2022).

45 Tanner 2005.

46 Pfahlbauforscher Jakob Messikommer (1828–1917) im Forschungsgebiet Pfahlbauten Robenhausen-Wetzikon (Originaltitel: Moorstecher am Greifensee). Bildnachweis: ETH-Bibliothek Zürich, Bildarchiv / Fotograf: Wiesendanger, Fritz / Ans_06145 / Public Domain Mark.

47 Vgl. Kraftfahrt-Bundesamt: Ausserbetriebsetzungen. Zahlen des Jahres 2021 im Überblick: www.kba.de/DE/Statistik/Fahrzeuge/Ausserbetriebsetzungen/ausserbetriebsetzungen_node.html (abgerufen 5. 12. 2022).

48 Gugerli 2000.

49 Siehe Weber 2014 und Möller 2014 sowie Weber 2020.

50 Kahn 1961.

51 Kahn und Aron 1962.

52 Kahn und Wiener 1967; Freedman 1986.

53 Vgl. Alvarez 2014.

54 «Regarding nuclear weapons components, Sandia National Laboratories (SNL) officials responsible for neutron generator components could not locate 16 of the 36 (44 percent) neutron generator drawings identified in the as-built product definitions.» United States Energy Departement 2014, S. 2.

55 Norris und Kristensen 2004. Ich danke Leander Leuenberger für zahlreiche Hinweise und für seine Recherche zum Thema über das «Mutually Assured Dismantlement» (technikhistorisches Seminar der ETH Zürich, Frühjahr 2022).

56 Suckut 2003.

57 Diese Beschreibung und die folgenden Überlegungen stützen sich weitgehend auf den Bericht von Engelmann u. a. 2020.

58 Zur Bedeutung der Stasi-Akten für die Geschichtswissenschaft nach dem Ende der DDR und zur Debatte auf dem Historikertag von 1992 vgl. Henke 1993.

59 Marciniszyn u. a. 2004.

60 Gauck-Behörde: Säcke mit vorvernichteten MFS-Unterlagen im STASI-Zentralarchiv in Berlin-Lichtenberg, Dezember

1995. Während der Wendezeit zerrissen MFS-Offiziere tonnenweise Material, nachdem die elektrischen Reisswölfe ausgefallen waren. Inzwischen konnten über 50 000 Einzelblätter wieder zusammengesetzt werden. Bildnachweis: ullstein bild via Getty Images.

61 Der Slogan wird den Achtundsechzigern zugewiesen, manchmal mit einer etwas unklaren Zeit- und Ortsangabe sowie einem deutlichen Erinnerungsvorbehalt. Vgl. Jean-Noël Cuénod, «Mai 68 à Genève... Qui s'en souvient?», Tribune de Genève 29. Mai 2018. Dass flache Alpen bereits um 1970 eine attraktive Denkfigur in der europäischen Literatur waren, entnimmt man notfalls einfach Goscinny und Uderzo 1970. Der stockbesoffene Obélix gibt dort auf die Frage, wie er Helvetien (bei der Überquerung der Alpen) wahrgenommen habe, zur Antwort: «Plat». Goscinny und Uderzo 1970, S. 48. Ebenfalls sicher ist, dass sich Carl Spitteler schon 1922 mit dem Gedanken beschäftigt hat, «den Gotthard mit allen Alpen mit Dynamit in die Luft zu sprengen [...], damit wir italienische Luft direkt bekämen». Vgl. Jakob Tanner, Gotthard: Im Tunnel des Mythos. Vortrag in der Abendveranstaltung «Die Gotthardschweiz – ein inoffizieller Festakt zur Eröffnung des Gotthardbasistunnels», Konzert Theater Bern, 4. Juni 2016, publiziert auf Academia.edu: www.academia.edu/26989249/Gotthard_Im_Tunnel_des_Mythos.

62 Seitz 1987; Schmidt 1990; Marchal 1992; Stremlow 1998; Schueler 2006.

63 Die folgenden Überlegungen stützen sich auf Gugerli und Speich 2002.

64 Zit. in Gugerli und Speich 2002, S. 221.

65 Gugerli und Speich 2002, S. 138–139.

66 Gugerli 1998.

67 Zitiert nach Gugerli und Speich 2002, S. 133.

68 Gugerli und Speich 2002, S. 207.

69 Messung der geodätischen Basislinie Aarberg von 2400m Länge mit dem Gerät des spanischen Generals Ibanez. Bildnachweis: ETH-Bibliothek Zürich, Bildarchiv / Fotograf: Gysi, Friedrich / Ans_02775-182-PL / Public Domain Mark.

70 Rammert 1988; Barben 1997

71 Gannon 2006; Smith 2015; Dunlop 2015; Grey 2012; Johnson und Gallehawk 2007; McKay 2010; Thirsk 2008. Ein früher

Bericht über den britischen Umgang mit geheimen Nachrichten findet sich in Winterbotham 1974.
72 Kidwell 2007.
73 Copeland 2006.
74 Sale 1998.
75 Randell 1971.
76 Randell 1973.
77 Turing 1937.
78 Randell 1973, S. 327f.
79 Randell 1973, S. 327f.
80 Hodges 1983.
81 Vgl. auch Randell 1972.
82 Turing 1959.
83 Randell 1973, S. 349–354.
84 Sale 1998.
85 www.youtube.com/watch?v=Yl6pK1Z7B5Q (abgerufen 27. 6. 2023).
86 One of the Hut 3 priority teams at Bletchley Park, Buckinghamshire, in which civilian and service personnel worked together at code-breaking, October 23, 1943. Bletchley Park was the British forces' intelligence centre during WWII, where cryptographers deciphered top-secret military communiques between Hitler and his armed forces. These communiques were encrypted in the ‹enigma› code which the Germans considered unbreakable, but the codebreakers at Bletchley cracked the code with the help of ‹Bombe› machines. Bildnachweis: Bletchley Park Trust / SSPL via Getty Images.
87 Eine rekonstruierte korsische Kastanienschälmaschine aus Holz glaube ich 2011 im Museum in Corte gesehen zu haben. Die Spinning Jenny im Deutschen Museum hat die Objektnummer 25202, vgl. https://digital.deutsches-museum.de/de/digital-catalogue/collection-object/25202/.
88 Zeilinger und Hascher 2000.
89 von Miller 1929.
90 von Miller 1929, S. 2–3. Siehe auch Matschoss 1925. Zur Funktionslosigkeit von Museumsobjekten vgl. Gauvin 2016.
91 von Miller 1929, S. 18.
92 Zur Frage nach dem Zusammenhang zwischen Didaktik und Objektbedarf siehe Conn 2010.

93 «Current collections by accession period showing what percentage is on display, or has been within the last two decades.» Phillipson 2019, Grafik 10, S. 18.

94 Phillipson 2019, passim. An Empfehlungen fehlt es inzwischen nicht mehr: Schweizer 2018.

95 Ich danke Fanny Tockner für ihre Hinweise auf die Geschichte dieses Objekts.

96 Phillipson 2019, S. 14.

97 Es ist nicht einmal klar, wie sie zu einem Ende kommen. Vgl. Jardine u. a. 2019.

98 Geoghegan und Hess 2015.

99 Das Konzept wird wohl erst dann wieder aktuell werden, wenn das Museum auch die Raumreserven an seinem neuen Standort in Derendingen gefüllt hat. https://enter.ch/en/

100 Text auf Etikette: «This machine was ‹destroyed› by disposal board of Nov. 1948.Kept in case it may be required for experimental uses.» Bildnachweis: © National Museums Scotland.

101 Hermann 1987 bzw. Krige 1996; Di Lella und Schopper 2015.

102 Das CERN versucht seit ein paar Jahren, seine eigene Computergeschichte zu dokumentieren, ohne sie schon verstehen oder erklären zu können. Vgl. https://information-technology.web.cern.ch/about/cern-computing-history.

103 Gugerli 2018, S. 172–191.

104 Hypertextsysteme hatten Ende der 1980er-Jahre Konjunktur. Siehe zum Beispiel Noll und Scacchi 1991; ACM 1987; Barrett 1988; Landow 1987; Raskin 1987; van Dam 1988.

105 Berners-Lee 1989/1990.

106 Gugerli 2018, S. 149–155.

107 Abbate 1999.

108 Computerraum an der Clausiusstrasse 55, Zürich, 1970. Bildnachweis: Baugeschichtliches Archiv Zürich, Wolf-Benders Erben, https://baz.e-pics.ethz.ch/catalog/BAZ/r/206982/viewmode=infoview/qsr=BAZ__137612.

109 Haraway 1991; Haraway 1997.

110 Besonders biologistisch natürlich Basalla 1988.

111 O'Rand und Krecker 1990; vgl. auch «life cycle, n.». OED Online. March 2023. Oxford University Press. www.oed.com/view/Entry/108098?redirectedFrom=life+cycle (abgerufen 1. 6. 2023).

112 Berz 2001.

113 Kölliker 1925, S. 1–2. Zum Erfolg und Scheitern des chirurgischen Organersatzes in der Zeit von 1880–1930 lese man Schlich 1998.

114 Martin 1924.

115 Kölliker 1925, S. 68.

116 Drastisch illustriert das Martin 1924.

117 Schützengraben-Geduldsspiel 1914/1915. Bildnachweis: © Deutsches Historisches Museum / Reproduktion: S. Ahlers / AK 95/643.1–2.

118 Penner u. a. 2021.

119 Penner u. a. 2021, S. 124–131.

120 Penner u. a. 2021, S. 80–83.

121 Der Dokumentarfilm von Peter Bardehle und Angela Volkner wurde von Vidicom Media GmbH im Auftrag des ZDF und in Zusammenarbeit mit arte produziert (https://vimeo.com/428762875 (abgerufen 29. Juni 2023).

122 https://simpleflying.com/pan-am-concorde-order/ (abgerufen 24. 4.2023).

123 www.heritageconcorde.com/air-france-concorde-passenger-menus (abgerufen 24. 4. 2023).

124 Hamel und Park 2023.

125 Potthast 2007.

126 The two unsold Concordes under construction at Filton, 21st September 1977. Bildnachweis: George Phillips / Mirrorpix via Getty Images.

127 Billon 2018; Jallon u. a. 2017; Léri 2014; McAuliffe 2020.

128 Moos 2021, S. 20–94.

129 Moos 2021, S. 48–69.

130 Kallis 2012; Moure Cecchini 2020.

131 Kallis 2012.

132 Cederna 1979.

133 Berühmt ist das Titelblatt der illustrierten Beilage des *Corriere della Sera* vom 3. März 1935.

134 Kostof 1982.

135 Moure Cecchini 2020; Byles 2005.

136 Veduta del primo tratto della spina di Borgo in corso di demolizione, Roma, 21.01.1937. Bildnachweis: Luce Historical Archive, Rome / A00070170. Vgl. auch Moure Cecchini 2020, S. 200.

137 Zur Soziologie des Verlusts vgl. Reckwitz 2022. Die Minidisc ist vielleicht auch deshalb kein Trauerfall geworden, weil

sie nirgends richtig ankam. Immerhin gibt es in der Library of Congress einen Titel zu diesem Audioformat: Maes 1996. Zur Geschichte der Minidisc finden sich da und dort mutige, aber referenzfreie studentische Beiträge wie jenen von Brandon Seong-Shin Hong im Fach «Econ 113 / STS 107» an der Stanford University im März 2008, vgl. www.minidisc.org/econ113-paper.htm.

138 Vgl. «Original Sony MiniDisc Announcement from CES 1991, 16. Mai 1991», publiziert auf www.minidisc.org/sony_announcement.html.

139 Zur MTV-Generation, die die Dynamik der skateboardfahrenden Minidisc-User videotechnisch vorwegnahm, siehe Rabinovitz 1989 und Tetzlaff 1986.

140 Zur Funktionsweise digitaler Audioprodukte des ausgehenden 20. Jahrhunderts (CD, Minidisc, SACD, DVD(A), MP3 und DAT) siehe Maes und Vercammen 2001.

141 Siehe Alderman u. a. 2001 und Sterne 2012.

142 «Sony To Wind Up MiniDisc Walkman Shipments», The Nikkei July 8 (2011) morning Edition Nikkei, https://web.archive.org/web/20110711122254/http://e.nikkei.com/e/fr/tnks/Nni20110707D07JFN01.htm (abgerufen 3. 7. 2023) bzw. «Sony finally discontinuing the MiniDisc after more than 20 years», in Techspot, 1. Februar 2013, www.techspot.com/news/51515-sony-finally-discontinuing-the-minidisc-after-more-than-20-years.html. Shawn Knight meinte damals, er habe gar nicht gewusst, dass es Minidiscs noch gebe. Vgl. auch Matt Peckham, The Ides of March: Farewell, Sony MiniDisc Player. It's time to bid a nostalgic farewell to Sony's MiniDisc format – those of you who remember it at all, anyway», in: Time, 4. Februar 2013; sowie gleichentags Paul Schrodt, No One Will Mourn the Death of the MiniDisc, Esquire 4. 2. 2013.

143 www.youtube.com/c/thisdoesnotcompute.

144 «The (Not) Forgotten Audio Format That (Never) Failed» www.youtube.com/watch?v=CCK89V4NpJY (abgerufen 28. 6. 2023)

145 Tsutsui u. a. 1992. Zur Audiotechnologie der MiniDisc siehe Maes und Vercammen 2001, S. 304–308.

146 Standfoto aus «Reef Ad for Sony minidisc», www.youtube.com/watch?v=KDCwCtZPpUw Frame Nr. 477, 0:30 (abgerufen 14. 11. 2023).

147 Apostolidès 1985.

148 Schultz 2006, S. 68.

149 Zu Mazarin als Jongleur der Macht und Lehrmeister des Sonnenkönigs vgl. Schultz 2018.

150 Zum tanzenden König siehe Braun und Gugerli 1993, S. 96–134; zum Sonnenkönig Burke 1993.

151 Marin 1981.

152 Bonnet 1715, S. 335–338.

153 Bonnet 1715, S. 330.

154 Bonnet 1715, S. 338. Vgl. auch Menestrier 1664, S. 141: «Tout ce qui se fait par Machines a toujours paru admirable, extraordinaire, & surprenant», zit. nach Fischer-Lichte 2010, S. 219. Bonnets Referenzen sind unklar. Vermutlich bezieht er sich auf die «Plaisirs de l'île enchantée» von 1664, vgl. Jean Hubac, «Les plaisirs de l'Isle enchantée», Histoire par l'image [en ligne] (abgerufen 10. 7. 2023). https://histoire-image.org/etudes/plaisirs-isle-enchantee. Das ist nicht das Jahr der Heirat von Henriette von England mit dem Bruder des Königs, die am 31. März 1661 stattfand. Es ist auch nicht das Jahr, in dem «Les Plaisirs de l›île enchantée» aufgeführt wurde (7. Mai 1664). Das Stück trug den Titel «Les Plaisirs de l'île enchantée, course de bagues, collation ornée de machines, comédie mêlée de danse et de musique, ballet du Palais d'Alcine; feu d'artifice: et autres fêtes galantes et magnifiques, faites par le Roi, à Versailles, le 7e mai 1664. Et continuées plusieurs autres jours». https://essentiels.bnf.fr/fr/image/acaea5eb-674f-4731-90f7-c1f53162d6ad-plaisirs-ile-enchantee-versailles-1664.

155 Sabbatini und Povoledo 1955 (1638), S. 111.

156 Elliott Gould spielt 1978 in Capricorn One (1978) den Enthüllungsjournalisten Robert Caulfield. Er deckt eine Verschwörung auf, die eine gescheiterte Marsexpedition der NASA durch geeignete Studioeffekte in einen Erfolg verwandeln wollte.

Abbildungsverzeichnis

Bibliographie

Abbate, Janet 1999: *Inventing the Internet*, Cambridge MA.

ACM 1987: Proceedings of the ACM Conference on Hypertext, Chapel Hill NC.

Alderman, John u. a. 2001: *Sonic boom. Napster, MP3, and the new pioneers of music*, Cambridge MA.

Altorfer, Kurt 1999: Neue Erkenntnisse zum neolithischen Türflügel von Wetzikon ZH-Robenhausen, in: *Zeitschrift für Schweizerische Archäologie und Kunstgeschichte*, 56, S. 217–230.

Altorfer, Kurt 2004: Von «Pfahlbaufischern» und «Alterthümerhändlern», in: Flüeler-Grauwiler, Marianne u. a. (Hg.): *Pfahlbaufieber*, Zürich, S. 103–124.

Alvarez, Robert 2014: The nuclear weapons dismantlement problem, in: *Bulletin of the Atomic Scientists*, 70 (6), S. 22–28.

Apostolidès, Jean-Marie 1985: L'entrée royale de Louis XIV, in: *L'Esprit Créateur*, 25, S. 21–31.

Barben, Daniel 1997: Genese, Enkulturation und Antizipation des Neuen. Über Schwierigkeiten und Nutzen, Leitbilder der Biotechnologie zu re-konstruieren, in: Dierkes, Meinolf (Hg.): *Technikgenese. Befunde aus einem Forschungsprogramm*, Berlin, S. 133–165.

Barrett, Edward 1988: *Text, ConText, and HyperText. Writing with and for the computer*, Cambridge MA.

Basalla, George 1988: *The Evolution of Technology*, Cambridge.

Berners-Lee, Tim 1989/1990: *Information Management. A Proposal*, www.w3.org/History/1989/proposal.html.

Berz, Peter 2001: *08/15. Ein Standard des 20. Jahrhunderts*, München.

Billon, Yves 2018: *Comment Haussmann a transformé Paris*, Montreuil.

Bonnet, Jacques 1715: *Histoire de la musique et de ses effets, depuis son origine jusqu'à présent*, Paris.

Braun, Rudolf und David Gugerli 1993: *Macht des Tanzes – Tanz der Mächtigen. Hoffeste und Herrschaftszeremoniell 1550–1914*, München.

Brinkley, Douglas 2012: *Cronkite*, New York.

Brosche, Peter 2009: *Der Astronom der Herzogin. Leben und Werk von Franz Xaver von Zach, 1754–1832*, Frankfurt am Main.

Burke, Peter 1993: *Ludwig XIV. Die Inszenierung des Sonnenkönigs*, Berlin.

Byles, Jeff 2005: *Rubble. Unearthing the history of demolition*, New York.

Cederna, Antonio 1979: *Mussolini urbanista. Lo sventramento di Roma negli anni del consenso*, Bari, Rom.

Conn, Steven 2010: *Do Museums Still Need Objects?*, Philadelphia.

Copeland, Brian Jack 2006: *Colossus. The secrets of Bletchley Park's codebreaking computers*, Oxford.

Cosgrove, Denis 1994: Contested global visions: one world, whole earth, and the Apollo space photographs, in: *Annals of the Association of American Geographers*, 84, S. 270–294.

Di Lella, Luigi und Herwig F. Schopper 2015: *60 years of CERN experiments and discoveries*, Advanced series on directions in high energy physics, New Jersey.

Dunlop, Tessa 2015: *The Bletchley girls*, London.

Eichler, P. u. a. 1993: Reliability of Space Debris Modeling and the Impact on Current and Future Space-Flight Activities, in: *Advances in Space Research-Series*, 13 (8), S. 225–228.

Engelmann, Roger u. a. 2020: *Vernichtung von Stasi-Akten. Eine Untersuchung zu den Verlusten 1989/90*, Berlin.

Fischer-Lichte, Erika 2010: Repräsentation und Erregung von Affekten. Zu Techniken der Schauspielkunst und der Theatermaschinerie im 17. Jahrhundert, in: Bredekamp, Horst u. a. (Hg.): *Imagination und Repräsentation: Zwei Bildsphären der Frühen Neuzeit*, S. 219–233.

Fitzgerald, Frances 2000: *Way Out There In The Blue: Reagan, Star Wars and the End Of The Cold War*, New York.

Freedman, Lawrence 1986: *The price of peace. Living with the nuclear dilemma*, London.

Gannon, Paul 2006: *Colossus Bletchley Park's greatest secret*, London.

Gauvin, Jean-Francois 2016: Functionless: science museums and the display of ‹pure objects›, in: *Science Museum Group Journal*, 2016 (Spring).

Geoghegan, Hilary und Alison Hess 2015: Object-love at the Science Museum: cultural geographies of museum storerooms, in: *Cultural Geographies*, 22 (3), S. 445–465.

Goscinny, René und Albert Uderzo 1970: *Astérix chez les helvètes*, Une aventure d'Astérix, Paris.
Grey, Christopher 2012: *Decoding organization. Bletchley Park, codebreaking and organization studies*, Cambridge.
Gugerli, David 1998: Politics On The Topographer's Table. The Helvetic Triangulation of Cartography, Politics, and Representation, in: Lenoir, Timothy (Hg.): *Inscribing Science. Scientific Texts and the Materiality of Communication*, Stanford, S. 91–118.
Gugerli, David 2000: «Wir wollen nicht im Trüben fischen!». Gewässerschutz als Konvergenz von Bundespolitik, Expertenwissen und Sportfischerei (1950–72), in: *Schweizer Ingenieur Und Architekt*, 13 (31 März), S. 281–287.
Gugerli, David 2018: *Wie die Welt in den Computer kam. Zur Entstehung digitaler Wirklichkeit*, Frankfurt am Main.
Gugerli, David u. a. 2005: *Die Zukunftsmaschine. Konjunkturen der Eidgenössischen Technischen Hochschule Zürich 1855–2005*, Zürich.
Gugerli, David und Daniel Speich 2002: *Topografien der Nation. Politik, kartografische Ordnung und Landschaft im 19. Jahrhundert*, Zürich.
Hamel, Peter G. und Gary D. Park 2023: *The Learjet history. Beginnings, innovations and utilization*, Cham.
Haraway, Donna Jeanne 1991: *Simians, cyborgs, and women. The reinvention of nature*, New York.
Haraway, Donna Jeanne 1997: *Modest_Witness@Second_millennium. FemaleMan meets OncoMouse. Feminism and technoscience*, New York.
Henke, Klaus-Dietmar 1993: *Wann bricht schon mal ein Staat zusammen! Die Debatte über die Stasi-Akten und die DDR-Geschichte auf dem 39. Historikertag 1992*, München.
Hermann, Armin u. a. (Hg.) 1987: *History of CERN*, Bd. 1, Amsterdam.
Hodges, Andrew 1983: *Alan Turing. The Enigma*, London.
Höneisen, Markus 1990: *Die ersten Bauern. Pfahlbaufunde Europas. Forschungsberichte zur Ausstellung im Schweizerischen Landesmuseum und zum Erlebnispark. Ausstellung Pfahlbauland in Zürich, 28. April bis 30. September 1990*, Zürich.
Jackson, Phoebe A. 1990: Space Surveillance. Satellite Catalog Maintenance, in: *AIAA Meeting Paper, Orbital Debris Conference: Technical Issues and Future Directions*, S. 218–226.

Jallon, Benoît u. a. 2017: *Paris Haussmann modèle de ville. A model's relevance*, Zürich, Paris.
Jardine, Boris u. a. 2019: How collections end: objects, meaning and loss in laboratories and museums, in: *BJHS Themes*, 4, S. 1–27.
Johnson, Kerry und John Gallehawk 2007: *Figuring it out at Bletchley Park 1939–1945*, Redditch.
Johnson, Nicholas L. 1993: U.S. Space Surveillance, in: *Advances in Space Research*, 13 (8), S. 5–20.
Jorgensen, K. u. a. 2003: Observations of J002E3: Possible Discovery of an Apollo Rocket Body, in: *Bulletin of the American Astronomical Society*, 35, S. 981.
Kahn, Herman 1961: *On thermonuclear war*, Princeton.
Kahn, Herman und Raymond Aron 1962: *Thinking about the unthinkable*, London.
Kahn, Herman und Anthony J. Wiener 1967: *The year 2000: A framework for speculation on the next thirty-three years*, New York.
Kallis, Aristotle 2012: The «Third Rome» of Fascism: Demolitions and the Search for a New Urban Syntax, in: *The Journal of Modern History*, 84 (1), S. 40–79.
Kauz, Daniel 2000: *Wilde und Pfahlbauer – Facetten einer Analogisierung*, Preprints zur Kulturgeschichte der Technik, 11, Zürich.
Kauz, Daniel 2004: Die Zirkulation von Artefakten, Wissen und Geld. Zur Praxis antiquarisch-prähistorischer Forschung in der Schweiz 1860–1880, in: Flüeler-Grauwiler, Marianne u. a. (Hg.): *Pfahlbaufieber*, Zürich, S. 147–167.
Kessler, Donald J. 1971: Estimate of Particle Densities and Collision Danger for Spacecraft Moving Through the Asteroid Belt, in: *International Astronomical Union Colloquium*, 12, S. 595–605.
Kessler, Donald J. 1993: A Partial History of Orbital Debris: A Personal View, in: *Orbital Debris Monitor*, 6 (3; 4), S. 16–20; 10–16.
Kessler, Donald J. und Burton G. Cour-Palais 1978: Collision Frequency of Artificial Satellites, in: *Journal of Geophysical Research*, 83 (A6), S. 2637–2646.
Kidwell, Peggy A. 2007: Colossus. The secrets of Bletchley Park's codebreaking computers (Review), in: *Technology and Culture*, 48 (3), S. 663–664.
Kölliker, Theodor 1925: *Die Amputationen und Exartikulationen unter besonderer Berücksichtigung des Kunstgliederbaues*, Leipzig.

Koselleck, Reinhart 1989: «Historia Magistra Vitae», in: Koselleck, Reinhart (Hg.): *Vergangene Zukunft. Zur Semantik geschichtlicher Zeiten*, Frankfurt am Main, S. 38–66.

Kostof, Spiro 1982: His Majesty the Pick: The Aesthetics of Demolition, in: *Design Quarterly*, 118/119, S. 32–41.

Kranz, Gene 2000: *Failure Is Not an Option. Mission Control from Mercury to Apollo 13 and Beyond*, New York.

Krige, John (Hg.) 1996: *History of CERN*, Bd. 3, Amsterdam, New York.

Kounosu, S. 1987: Reflections on Star Wars, in: *Peace Research*, 19, S. 54–67.

Landow, George P. 1987: Relationally encoded links and the rhetoric of hypertext, Proceedings of the ACM conference on Hypertext, Chapel Hill NC, S. 331–343.

Latour, Bruno 1987: *Science in Action. How to follow scientists and engineers through society*, Cambridge MA.

Léri, Jean-Marc 2014: *Le Paris d'Haussmann*, Futuroscope.

Levin, Kevin N. 1986: *U.S. strategic force modernization and SDI. four key issues*, Santa Monica.

Maes, Jan 1996: *The MiniDisc*, Oxford, Boston.

Maes, Jan und Marc Vercammen 2001: *Digital audio technology. A guide to CD, MiniDisc, SACD, DVD(A), MP3 and DAT*, Oxford.

Marchal, Guy P. 1992: Das «Schweizeralpenland». Eine imagologische Bastelei, in: Marchal, Guy P. und Aram Mattioli (Hg.): *Erfundene Schweiz. Konstruktionen nationaler Identität*, Clio Lucernensis, Zürich, S. 37–49.

Marciniszyn, Martin u. a. 2004: E-Jigsaw. Computergestützte Rekonstruktion zerrissener Stasi-Unterlagen, in: *Informatik-Spektrum*, 27, S. 248–254.

Marin, Louis 1981: *Le portrait du roi*, Paris.

Martin, Florent 1924: *Les Mutilations et les Appareils de Prothèse*, Genève.

Matschoss, Conrad 1925: *Das Deutsche Museum. Geschichte, Aufgaben, Ziele*, Berlin.

McAuliffe, Mary 2020: *Paris, city of dreams. Napoleon III, Baron Haussmann, and the creation of Paris*, Lanham.

McKay, Sinclair 2010: *The secret life of Bletchley Park. The history of the wartime codebreaking centre and the men and women who were there*, London.

Meadows, Donella H. u. a. 1972: *The limits of growth. A report for the Club of Rome's project on the predictament of mankind*, New York.

Menestrier, Claude-François 1664: *Traité des Tournois, Ioustes, Carrousels, et autres Spectacles publics*, Lyon.

Meyer, Caroline 2008: *Eidophor. Ein Fernseh-Grossbildprojektionssystem zwischen Nutzungsvisionen und Anwendungsrealitäten 1939–1999*, Zürich.

Mindell, David A. 2008: *Digital Apollo. Human and Machine in Spaceflight*, Cambridge MA.

Möller, Christian 2014: Der Traum vom ewigen Kreislauf. Abprodukte, Sekundärrohstoffe und Stoffkreisläufe im «Abfall-Regime» der DDR (1945–1990), in: *Technikgeschichte*, 81 (1), S. 61–89.

Moos, Stanislaus 2021: *Erste Hilfe. Architekturdiskurs nach 1940. Eine Schweizer Spurensuche*, Zürich.

Moure Cecchini, Laura 2020: The Via della Conciliazione (Road of Reconciliation): Fascism and the Deurbanization of the Working Class in 1930s Rome, in: *Selva: A Journal of the History of Art*, 2 (Fall), S. 188–213.

Noll, John und Walt Scacchi 1991: Integrating Diverse Information Repositories. A Distributed Hypertext Approach, in: *IEEE Computer* (December), S. 3845.

Norris, Robert S. und Hans M. Kristensen 2004: Dismantling U.S. nuclear warheads, in: *Bulletin of the Atomic Scientists*, 60 (1), S. 72–74.

O'Rand, Angela M. und Margaret L. Krecker 1990: Concepts of the Life-Cycle. Their History, Meanings, and Uses in the Social Sciences, in: *Annual Review of Sociology*, 16, S. 241–262.

Penner, Barbara u. a. (Hg.) 2021: *Extinct. A Compendium of Obsolete Objects*, London.

Philco 1967: *Familiarization Manual. Mission Control Center Houston*, Houston TX.

Phillipson, Tacye 2019: Collections development in hindsight. A numerical analysis of the Science and Technology collections of National Museums Scotland since 1855, in: *Science Museum Group Journal*, 2019 (12), S. 1–20.

Potthast, Jörg 2007: *Die Bodenhaftung der Netzwerkgesellschaft. Eine Ethnografie von Pannen an Grossflughäfen*, Bielefeld.

Rabinovitz, Lauren 1989: Animation, Postmodernism, and MTV, in: *Velvet Light Trap* (24), S. 99–112.

Rammert, Werner 1988: Technikgenese: Stand und Perspektiven der Sozialforschung zum Entstehungszusammenhang neuer Techniken, in: *Kölner Zeitschrift für Soziologie und Sozialpsychologie*, S. 747–761.

Randell, Brian 1971: Ludgate's Analytical Machine of 1909, in: *Computer Journal*, 14, S. 317–326.

Randell, Brian 1972: On Alan Turing and the origins of digital computers, in: Meltzer, Bernard und Donald Michie (Hg.): *Machine intelligence*, 7, Edinburgh, S. 3–20.

Randell, Brian 1973: *The origins of digital computers selected papers*, Berlin [etc.].

Raskin, Jef 1987: The Hype in Hypertext. A Critique, Proceedings of the ACM Conference on Hypertext, Chapel Hill NC, S. 325–330.

Reckwitz, Andreas 2022: Verlust und Moderne. Eine Kartierung, in: *Merkur*, 76 (872), S. 5–21.

Sabbatini, Nicola und Elena Povoledo 1955 (1638): *Pratica di fabricar scene e machine ne' teatri*, Rom.

Sachs, Wolfgang 1994: Satellitenblick. Die Ikone vom blauen Planeten und ihre Folgen für die Wissenschaft, in: Braun, Ingo und Bernward Joerges (Hg.): *Technik ohne Grenzen*, Frankfurt am Main, S. 305–346.

Sale, Tony 1998: *The Colossus computer 1943–1996 and how it helped to break the German Lorenz cipher in WWII*, Cleobury Mortimer, Shropshire.

Schalansky, Judith 2019: *Verzeichnis einiger Verluste*, Berlin.

Schlich, Thomas 1998: *Die Erfindung der Organtransplantation. Erfolg und Scheitern des chirurgischen Organersatzes (1880–1930)*, Frankfurt am Main.

Schmidt, Aurel 1990: *Die Alpen. Schleichende Zerstörung eines Mythos*, Zürich.

Schueler, Judith 2006: Travelling Towards the «Mountain that has Borne a State»: The Swiss Gotthard Railways, in: Van der Vleuten, Erik und Arne Kaijser (Hg.): *Networking Europe. Transnational Infrastructures and the Shaping of Europe 1850–2000*, Sagamore Beach, S. 71–96.

Schultz, Uwe 2006: *Der Herrscher von Versailles. Ludwig XIV und seine Zeit*, München.
Schultz, Uwe 2018: *Jongleur der Macht. Kardinal Mazarin, der Lehrmeister des Sonnenkönigs*, Darmstadt.
Schweizer, Simon 2018: *Deakzession. Empfehlungen und Entscheidungshilfen*, Normen und Standards. Empfehlungen des VMS, Bern.
Schweizerisches Landesmuseum und Schweizerisches Institut für Kunstwissenschaft (Hg.) 1998: *Die Erfindung der Schweiz 1848–1948. Bildentwürfe einer Nation. Katalog zur Sonderausstellung des Schweizerischen Landesmuseums Zürich zum 150jährigen Bestehen des Schweizerischen Bundesstaates und zum 100-Jahr-Jubiläum des Museums*, Zürich.
Seitz, Gabriele 1987: *Wo Europa den Himmel berührt. Die Entdeckung der Alpen*, München, Zürich.
Smith, Christopher 2015: *The hidden history of Bletchley Park. A social and organisational history, 1939–1945*, Basingstoke.
Stäheli, Urs 2021: *Soziologie der Entnetzung*, Berlin.
Sterne, Jonathan 2012: *MP3: The Meaning of a Format*, Durham.
Stremlow, Matthias 1998: *Die Alpen aus der Untersicht. Von der Verheissung der nahen Fremde zur Sportarena. Kontinuität und Wandel von Alpenbildern seit 1700*, Bern, Stuttgart, Wien.
Suckut, Siegfried 2003: *Stasi-Akten zwischen Politik und Zeitgeschichte. Eine Zwischenbilanz*, München.
Tanner, Jakob 2005: Der diskrete Charme der Gnomen. Entwicklung und Perspektiven des Finanzplatzes Schweiz, in: Merki, Christoph Maria (Hg.): *Europas Finanzzentren. Geschichte und Bedeutung im 20. Jahrhundert*, Frankfurt am Main, S. 127–147.
Tetzlaff, David J. 1986: MTV and the Politics of Postmodern Pop, in: *Journal of Communication Inquiry*, 10 (1), S. 80–91.
Thirsk, James W. 2008: *Bletchley Park. An inmate's story*, Bromley.
Thomas, Andrew R. und Paul N. Thomarios 2012: *The final journey of Saturn V*, Akron, Ohio.
Tsutsui, Kyoya u. a. 1992: ATRAC. Adaptive Transform Acoustic Coding for Minidisc, 93rd Annual Audio Engineering Society Convention, San Francisco
Turing, Alan M. 1937: On Computable Numbers, with an Application to the Entscheidungsproblem, in: Proceedings of the London Mathematical Society, 42, S. 230–265.

Turing, Sara 1959: *Alan M. Turing*, Cambridge.
United States Energy Department 2014: *National Nuclear Security Administration nuclear weapons systems configuration management. Audit report March 26*, Washington.
van Dam, Andries 1988: Hypertext '87 keynote address, in: *Communications of the ACM*, 31 (7), S. 887–895.
von Miller, Oscar 1929: *Technische Museen als Stätten der Volksbelehrung*, Abhandlungen und Berichte, 1, München.
Weber, Heike 2014: «Entschaffen»: Reste und das Ausrangieren, Zerlegen und Beseitigen des Gemachten. (Einleitung), in: *Technikgeschichte*, 81 (1), S. 3–32.
Weber, Heike 2020: Zeit- und verlustlos? Der Recycling-Kreislauf als ewiges Heilsversprechen, in: *Zeitschrift für Medienwissenschaft*, 12, S. 19–31.
Weber, Heike 2022: Zwischen Persistenz und Verschwinden: Warum Temporalitäten der Technik zum Gegenstand technik- und umwelthistorischer Forschung werden müssen, in: Albrecht, Helmuth u. a. (Hg.): *Bergbau und Umwelt in DDR und BRD. Praktiken der Umweltpolitik und Rekultivierung*, Berlin, S. 19–42.
Wieland, Magnus 2020: Ablagekulturen. Interdependenzen zwischen Archiv und Deponie, in: Assmann, David-Christopher. (Hg.): *Narrative der Deponie. Kulturwissenschaftliche Analyse beseitigter Materialitäten*, Wiesbaden, S. 149–165.
Winterbotham, F. W. 1974: *The ultra secret. The first account of the most astounding cryptanalysis coup of World War II. How the British broke the German code and read most of the signals between Hitler and his generals throughout the war*, New York.
Woods, W. David 2016: *Saturn V NASA 1967–1973 (Apollo 4 to Apollo 17 & Skylab)*, Owners workshop manual, Sparkford.
Zeilinger, Stefan und Michael Hascher 2000: Museums of Technology in Germany, in: *Technology and Culture*, 41 (3), S. 525–529.